乙級汽車修護技能檢定學科題庫整理與分析

余思漢 編著

增修試題

U0059625

全華圖書股份有限公司

　　本書編纂的動機係有感於國內針對汽車修護乙級技術士學科測驗題庫的書籍很多，但僅僅是列出題目的解答而已，能夠針對題庫的內容做完整的解析卻付之闕如。筆者有鑑於此，於民國 82 年針對汽車五大系統配合圖表對題目提出解析，時至民國 103 年 12 月勞動部勞動力發展署技能檢定中心有鑑於要推動乙級檢定進入即測即評及發證系統，所以乙級學科更改為題庫測驗；因此考生只要把題庫看懂看熟必定可以通過測驗。

　　筆者仍本初衷針對公告題庫內容配合圖表加以精闢解析，希望對每一位想通過技能檢定的讀者能有所助益。

　　本書的出版首先要感謝學校中各級長官的鼓勵支持，及特別要感謝生育養育教育教誨我的雙親及背後的最大精神支柱－辛勤持家的愛妻。

　　此書的出版錯誤之處在所難免，尚祈汽車界的前輩先進們，不吝指正！

目錄

共同學科不分級題庫

專業學科題庫解析

共同學科

不分級題庫

- ➢ 工作項目 1　職業安全衛生
- ➢ 工作項目 2　工作倫理與職業道德
- ➢ 工作項目 3　環境保護
- ➢ 工作項目 4　節能減碳

工作項目 ❶　職業安全衛生

單選題

( )1. 對於核計勞工所得有無低於基本工資，下列敘述何者有誤？　　　　　　(2)
    (1)僅計入在正常工時內之報酬　　　　(2)應計入加班費
    (3)不計入休假日出勤加給之工資　　　(4)不計入競賽獎金。

( )2. 下列何者之工資日數得列入計算平均工資？　　　　　　　　　　　　(3)
    (1)請事假期間　　　　　　　　　　　(2)職災醫療期間
    (3)發生計算事由之前 6 個月　　　　　(4)放無薪假期間。

( )3. 下列何者，非屬法定之勞工？　　　　　　　　　　　　　　　　　　(1)
    (1)委任之經理人　　　　　　　　　　(2)被派遣之工作者
    (3)部分工時之工作者　　　　　　　　(4)受薪之工讀生。

( )4. 以下對於「例假」之敘述，何者有誤？　　　　　　　　　　　　　　(4)
    (1)每 7 日應休息 1 日　　　　　　　　(2)工資照給
    (3)出勤時，工資加倍及補休　　　　　(4)須給假，不必給工資。

( )5. 勞動基準法第 84 條之 1 規定之工作者，因工作性質特殊，就其工作時間，下列何者正確？　　(4)
    (1)完全不受限制　　　　　　　　　　(2)無例假與休假
    (3)不另給予延時工資　　　　　　　　(4)勞雇間應有合理協商彈性。

( ) 6. 依勞動基準法規定，雇主應置備勞工工資清冊並應保存幾年？ (3)
(1)1 年　(2)2 年　(3)5 年　(4)10 年。

( ) 7. 事業單位僱用勞工多少人以上者，應依勞動基準法規定訂立工作規則？ (4)
(1)200 人　(2)100 人　(3)50 人　(4)30 人。

( ) 8. 依勞動基準法規定，雇主延長勞工之工作時間連同正常工作時間，每日不得超過多少小 (3)
時？
(1)10　(2)11　(3)12　(4)15。

( ) 9. 依勞動基準法規定，下列何者屬不定期契約？ (4)
(1)臨時性或短期性的工作 (2)季節性的工作
(3)特定性的工作 (4)有繼續性的工作。

( ) 10. 依職業安全衛生法規定，事業單位勞動場所發生死亡職業災害時，雇主應於多少小時內 (1)
通報勞動檢查機構？
(1)8　(2)12　(3)24　(4)48。

( ) 11. 事業單位之勞工代表如何產生？ (1)
(1)由企業工會推派之 (2)由產業工會推派之
(3)由勞資雙方協議推派之 (4)由勞工輪流擔任之。

( ) 12. 職業安全衛生法所稱有母性健康危害之虞之工作，不包括下列何種工作型態？ (4)
(1)長時間站立姿勢作業 (2)人力提舉、搬運及推拉重物
(3)輪班及夜間工作 (4)駕駛運輸車輛。

( ) 13. 職業安全衛生法之立法意旨為保障工作者安全與健康，防止下列何種災害？ (1)
(1)職業災害　(2)交通災害　(3)公共災害　(4)天然災害。

( ) 14. 依職業安全衛生法施行細則規定，下列何者非屬特別危害健康之作業？ (3)
(1)噪音作業　(2)游離輻射作業　(3)會計作業　(4)粉塵作業。

( ) 15. 從事輕質屋頂修繕作業時，應有何種作業主管在場執行主管業務？ (3)
(1)施工架組配　(2)擋土支撐組配　(3)屋頂　(4)模板支撐。

( ) 16. 對於職業災害之受領補償規定，下列敘述何者正確？ (1)
(1)受領補償權，自得受領之日起，因 2 年間不行使而消滅
(2)勞工若離職將喪失受領補償
(3)勞工得將受領補償權讓與、抵銷、扣押或擔保
(4)須視雇主確有過失責任，勞工方具有受領補償權。

( ) 17. 以下對於「工讀生」之敘述，何者正確？ (4)
(1)工資不得低於基本工資之 80% (2)屬短期工作者，加班只能補休
(3)每日正常工作時間不得少於 8 小時 (4)國定假日出勤，工資加倍發給。

(　　) 18. 經勞動部核定公告為勞動基準法第 84 條之 1 規定之工作者，得由勞雇雙方另行約定之 　(3)
勞動條件，事業單位仍應報請下列哪個機關核備？
(1)勞動檢查機構　(2)勞動部　(3)當地主管機關　(4)法院公證處。

(　　) 19. 勞工工作時右手嚴重受傷，住院醫療期間公司應按下列何者給予職業災害補償？ 　(3)
(1)前 6 個月平均工資　(2)前 1 年平均工資　(3)原領工資　(4)基本工資。

(　　) 20. 勞工在何種情況下，雇主得不經預告終止勞動契約？ 　(2)
(1)確定被法院判刑 6 個月以內並諭知緩刑超過 1 年以上者
(2)不服指揮對雇主暴力相向者
(3)經常遲到早退者
(4)非連續曠工但一個月內累計達 3 日以上者。

(　　) 21. 對於吹哨者保護規定，下列敘述何者有誤？ 　(3)
(1)事業單位不得對勞工申訴人終止勞動契約
(2)勞動檢查機構受理勞工申訴必須保密
(3)為實施勞動檢查，必要時得告知事業單位有關勞工申訴人身分
(4)任何情況下，事業單位都不得有不利勞工申訴人之行為。

(　　) 22. 勞工發生死亡職業災害時，雇主應經以下何單位之許可，方得移動或破壞現場？ 　(4)
(1)保險公司　(2)調解委員會　(3)法律輔助機構　(4)勞動檢查機構。

(　　) 23. 職業安全衛生法所稱有母性健康危害之虞之工作，係指對於具生育能力之女性勞工從事 　(4)
工作，可能會導致的一些影響。下列何者除外？
(1)胚胎發育　(2)妊娠期間之母體健康　(3)哺乳期間之幼兒健康　(4)經期紊亂。

(　　) 24. 下列何者非屬職業安全衛生法規定之勞工法定義務？ 　(3)
(1)定期接受健康檢查　　　　　　　　　(2)參加安全衛生教育訓練
(3)實施自動檢查　　　　　　　　　　　(4)遵守安全衛生工作守則。

(　　) 25. 下列何者非屬應對在職勞工施行之健康檢查？ 　(2)
(1)一般健康檢查　(2)體格檢查　(3)特殊健康檢查　(4)特定對象及特定項目之檢查。

(　　) 26. 下列何者非為防範有害物食入之方法？ 　(4)
(1)有害物與食物隔離　(2)不在工作場所進食或飲水　(3)常洗手、漱口　(4)穿工作服。

(　　) 27. 有關承攬管理責任，下列敘述何者正確？ 　(1)
(1)原事業單位交付廠商承攬，如不幸發生承攬廠商所僱勞工墜落致死職業災害，原事
業單位應與承攬廠商負連帶補償責任
(2)原事業單位交付承攬，不需負連帶補償責任
(3)承攬廠商應自負職業災害之賠償責任
(4)勞工投保單位即為職業災害之賠償單位。

( ) 28. 依勞動基準法規定，主管機構或檢查機構於接獲勞工申訴事業單位違反本法及其他勞工法令規定後，應為必要之調查，並於幾日內將處理情形，以書面通知勞工？ (4)
(1)14　(2)20　(3)30　(4)60。

( ) 29. 依職業安全衛生教育訓練規則規定，新僱勞工所接受之一般安全衛生教育訓練，不得少於幾小時？ (4)
(1)0.5　(2)1　(3)2　(4)3。

( ) 30. 我國中央勞工行政主管機關為下列何者？ (3)
(1)內政部　(2)勞工保險局　(3)勞動部　(4)經濟部。

( ) 31. 對於勞動部公告列入應實施型式驗證之機械、設備或器具，下列何種情形不得免驗證？ (4)
(1)依其他法律規定實施驗證者　　　　　　(2)供國防軍事用途使用者
(3)輸入僅供科技研發之專用機　　　　　　(4)輸入僅供收藏使用之限量品。

( ) 32. 對於墜落危險之預防設施，下列敘述何者較為妥適？ (4)
(1)在外牆施工架等高處作業應盡量使用繫腰式安全帶
(2)安全帶應確實配掛在低於足下之堅固點
(3)高度 2m 以上之邊緣開口部分處應圍起警示帶
(4)高度 2m 以上之開口處應設護欄或安全網。

( ) 33. 下列對於感電電流流過人體的現象之敘述何者有誤？ (3)
(1)痛覺　(2)強烈痙攣　(3)血壓降低、呼吸急促、精神亢奮　(4)顏面、手腳燒傷。

( ) 34. 下列何者非屬於容易發生墜落災害的作業場所？ (2)
(1)施工架　(2)廚房　(3)屋頂　(4)梯子、合梯。

( ) 35. 下列何者非屬危險物儲存場所應採取之火災爆炸預防措施？ (1)
(1)使用工業用電風扇　　　　　　　　　　(2)裝設可燃性氣體偵測裝置
(3)使用防爆電氣設備　　　　　　　　　　(4)標示「嚴禁煙火」。

( ) 36. 雇主於臨時用電設備加裝漏電斷路器，可減少下列何種災害發生？ (3)
(1)墜落　(2)物體倒塌；崩塌　(3)感電　(4)被撞。

( ) 37. 雇主要求確實管制人員不得進入吊舉物下方，可避免下列何種災害發生？ (3)
(1)感電　(2)墜落　(3)物體飛落　(4)被撞。

( ) 38. 職業上危害因子所引起的勞工疾病，稱為何種疾病？ (1)
(1)職業疾病　(2)法定傳染病　(3)流行性疾病　(4)遺傳性疾病。

( ) 39. 事業招人承攬時，其承攬人就承攬部分負雇主之責任，原事業單位就職業災害補償部分之責任為何？ (4)
(1)視職業災害原因判定是否補償　　　　　(2)依工程性質決定責任
(3)依承攬契約決定責任　　　　　　　　　(4)仍應與承攬人負連帶責任。

( )40. 預防職業病最根本的措施爲何？　(2)
(1)實施特殊健康檢查　　　　　　　(2)實施作業環境改善
(3)實施定期健康檢查　　　　　　　(4)實施僱用前體格檢查。

( )41. 以下爲假設性情境:「在地下室作業，當通風換氣充分時，則不易發生一氧化碳中毒或缺　(1)
氧危害」，請問「通風換氣充分」係此「一氧化碳中毒或缺氧危害」之何種描述？
(1)風險控制方法　(2)發生機率　(3)危害源　(4)風險。

( )42. 勞工爲節省時間，在未斷電情況下清理機臺，易發生哪些危害？　(1)
(1)捲夾感電　(2)缺氧　(3)墜落　(4)崩塌。

( )43. 工作場所化學性有害物進入人體最常見路徑爲下列何者？　(2)
(1)口腔　(2)呼吸道　(3)皮膚　(4)眼睛。

( )44. 於營造工地潮濕場所中使用電動機具，爲防止感電危害，應於該電路設置何種安全裝　(3)
置？
(1)閉關箱　(2)自動電擊防止裝置　(3)高感度高速型漏電斷路器　(4)高容量保險絲。

( )45. 活線作業勞工應佩戴何種防護手套？　(3)
(1)棉紗手套　(2)耐熱手套　(3)絕緣手套　(4)防振手套。

( )46. 下列何者非屬電氣災害類型？　(4)
(1)電弧灼傷　(2)電氣火災　(3)靜電危害　(4)雷電閃爍。

( )47. 下列何者非屬電氣之絕緣材料？　(3)
(1)空氣　(2)氟、氯、烷　(3)漂白水　(4)絕緣油。

( )48. 下列何者非屬於工作場所作業會發生墜落災害的潛在危害因子？　(3)
(1)開口未設置護欄　　　　　　　　(2)未設置安全之上下設備
(3)未確實戴安全帽　　　　　　　　(4)屋頂開口下方未張掛安全網。

( )49. 在噪音防治之對策中，從下列哪一方面著手最爲有效？　(2)
(1)偵測儀器　(2)噪音源　(3)傳播途徑　(4)個人防護具。

( )50. 勞工於室外高氣溫作業環境工作，可能對身體產生熱危害，以下何者爲非？　(4)
(1)熱衰竭　(2)中暑　(3)熱痙攣　(4)痛風。

( )51. 勞動場所發生職業災害，災害搶救中第一要務爲何？　(2)
(1)搶救材料減少損失　　　　　　　(2)搶救罹災勞工迅速送醫
(3)災害場所持續工作減少損失　　　(4)24 小時內通報勞動檢查機構。

( )52. 以下何者是消除職業病發生率之源頭管理對策？　(3)
(1)使用個人防護具　(2)健康檢查　(3)改善作業環境　(4)多運動。

( )53. 下列何者非爲職業病預防之危害因子？　(1)
(1)遺傳性疾病　(2)物理性危害　(3)人因工程危害　(4)化學性危害。

( )54. 對於染有油污之破布、紙屑等應如何處置？　(3)
　　　(1)與一般廢棄物一起處置　　　　　　(2)應分類置於回收桶內
　　　(3)應蓋藏於不燃性之容器內　　　　　(4)無特別規定，以方便丟棄即可。

( )55. 下列何者非屬使用合梯，應符合之規定？　(3)
　　　(1)合梯應具有堅固之構造　　　　　　(2)合梯材質不得有顯著之損傷、腐蝕等
　　　(3)梯腳與地面之角度應在 80 度以上　　(4)有安全之防滑梯面。

( )56. 下列何者非屬勞工從事電氣工作，應符合之規定？　(4)
　　　(1)使其使用電工安全帽　　　　　　　(2)穿戴絕緣防護具
　　　(3)停電作業應檢電掛接地　　　　　　(4)穿戴棉質手套絕緣。

( )57. 為防止勞工感電，下列何者為非？　(3)
　　　(1)使用防水插頭　　　　　　　　　　(2)避免不當延長接線
　　　(3)設備有金屬外殼保護即可免裝漏電斷路器　(4)電線架高或加以防護。

( )58. 電氣設備接地之目的為何？　(3)
　　　(1)防止電弧產生　(2)防止短路發生　(3)防止人員感電　(4)防止電阻增加。

( )59. 不當抬舉導致肌肉骨骼傷害，或工作臺/椅高度不適導致肌肉疲勞之現象，可稱之為下列　(2)
　　　何者？
　　　(1)感電事件　(2)不當動作　(3)不安全環境　(4)被撞事件。

( )60. 使用鑽孔機時，不應使用下列何護具？　(3)
　　　(1)耳塞　(2)防塵口罩　(3)棉紗手套　(4)護目鏡。

( )61. 腕道症候群常發生於下列何種作業？　(1)
　　　(1)電腦鍵盤作業　(2)潛水作業　(3)堆高機作業　(4)第一種壓力容器作業。

( )62. 若廢機油引起火災，最不應以下列何者滅火？　(3)
　　　(1)厚棉被　(2)砂土　(3)水　(4)乾粉滅火器。

( )63. 對於化學燒傷傷患的一般處理原則，下列何者正確？　(1)
　　　(1)立即用大量清水沖洗
　　　(2)傷患必須臥下，而且頭、胸部須高於身體其他部位
　　　(3)於燒傷處塗抹油膏、油脂或發酵粉
　　　(4)使用酸鹼中和。

( )64. 下列何者屬安全的行為？　(2)
　　　(1)不適當之支撐或防護　(2)使用防護具　(3)不適當之警告裝置　(4)有缺陷的設備。

( )65. 下列何者非屬防止搬運事故之一般原則？　(4)
　　　(1)以機械代替人力　　　　　　　　　(2)以機動車輛搬運
　　　(3)採取適當之搬運方法　　　　　　　(4)盡量增加搬運距離。

(　　) 66. 對於脊柱或頸部受傷患者，下列何者不是適當的處理原則？ (3)
(1)不輕易移動傷患 (2)速請醫師
(3)如無合用的器材，需 2 人作徒手搬運 (4)向急救中心聯絡。

(　　) 67. 防止噪音危害之治本對策為何？ (3)
(1)使用耳塞、耳罩 (2)實施職業安全衛生教育訓練
(3)消除發生源 (4)實施特殊健康檢查。

(　　) 68. 進出電梯時應以下列何者為宜？ (1)
(1)裡面的人先出，外面的人再進入 (2)外面的人先進去，裡面的人才出來
(3)可同時進出 (4)爭先恐後無妨。

(　　) 69. 安全帽承受巨大外力衝擊後，雖外觀良好，應採下列何種處理方式？ (1)
(1)廢棄　(2)繼續使用　(3)送修　(4)油漆保護。

(　　) 70. 下列何者可做為電器線路過電流保護之用？ (4)
(1)變壓器　(2)電阻器　(3)避雷器　(4)熔絲斷路器。

(　　) 71. 因舉重而扭腰係由於身體動作不自然姿勢，動作之反彈，引起扭筋、扭腰及形成類似狀 (2)
態造成職業災害，其災害類型為下列何者？
(1)不當狀態　(2)不當動作　(3)不當方針　(4)不當設備。

(　　) 72. 下列有關工作場所安全衛生之敘述何者有誤？ (3)
(1)對於勞工從事其身體或衣著有被污染之虞之特殊作業時，應備置該勞工洗眼、洗澡、
漱口、更衣、洗濯等設備
(2)事業單位應備置足夠急救藥品及器材
(3)事業單位應備置足夠的零食自動販賣機
(4)勞工應定期接受健康檢查。

(　　) 73. 毒性物質進入人體的途徑，經由那個途徑影響人體健康最快且中毒效應最高？ (2)
(1)吸入　(2)食入　(3)皮膚接觸　(4)手指觸摸。

(　　) 74. 安全門或緊急出口平時應維持何狀態？ (3)
(1)門可上鎖但不可封死
(2)保持開門狀態以保持逃生路徑暢通
(3)門應關上但不可上鎖
(4)與一般進出門相同，視各樓層規定可開可關。

(　　) 75. 下列何種防護具較能消減噪音對聽力的危害？ (3)
(1)棉花球　(2)耳塞　(3)耳罩　(4)碎布球。

(　　) 76. 流行病學實證研究顯示，輪班、夜間及長時間工作與心肌梗塞、高血壓、睡眠障礙、憂 (3)
鬱等的罹病風險之相關性一般為何？
(1)無　(2)負　(3)正　(4)可正可負。

( ) 77. 勞工若面臨長期工作負荷壓力及工作疲勞累積，沒有獲得適當休息及充足睡眠，便可能 (2)
影響體能及精神狀態，甚而較易促發下列何種疾病？
(1)皮膚癌 (2)腦心血管疾病 (3)多發性神經病變 (4)肺水腫。

( ) 78. 「勞工腦心血管疾病發病的風險與年齡、抽菸、總膽固醇數值、家族病史、生活型態、 (2)
心臟方面疾病」之相關性為何？
(1)無 (2)正 (3)負 (4)可正可負。

( ) 79. 勞工常處於高溫及低溫間交替暴露的情況、或常在有明顯溫差之場所間出入，對勞工的 (2)
生(心)理工作負荷之影響一般為何？
(1)無 (2)增加 (3)減少 (4)不一定。

( ) 80. 「感覺心力交瘁，感覺挫折，而且上班時都很難熬」此現象與下列何者較不相關？ (3)
(1)可能已經快被工作累垮了 (2)工作相關過勞程度可能嚴重
(3)工作相關過勞程度輕微 (4)可能需要尋找專業人員諮詢。

( ) 81. 下列何者不屬於職場暴力？ (3)
(1)肢體暴力 (2)語言暴力 (3)家庭暴力 (4)性騷擾。

( ) 82. 職場內部常見之身體或精神不法侵害不包含下列何者？ (4)
(1)脅迫、名譽損毀、侮辱、嚴重辱罵勞工
(2)強求勞工執行業務上明顯不必要或不可能之工作
(3)過度介入勞工私人事宜
(4)使勞工執行與能力、經驗相符的工作。

( ) 83. 勞工服務對象若屬特殊高風險族群，如酗酒、藥癮、心理疾患或家暴者，則此勞工較易 (1)
遭受下列何種危害？
(1)身體或心理不法侵害 (2)中樞神經系統退化 (3)聽力損失 (4)白指症。

( ) 84. 下列何措施較可避免工作單調重複或負荷過重？ (3)
(1)連續夜班 (2)工時過長 (3)排班保有規律性 (4)經常性加班。

( ) 85. 一般而言下列何者不屬對孕婦有危害之作業或場所？ (3)
(1)經常搬抬物件上下階梯或梯架
(2)暴露游離輻射
(3)工作區域地面平坦、未濕滑且無未固定之線路
(4)經常變換高低位之工作姿勢。

( ) 86. 長時間電腦終端機作業較不易產生下列何狀況？ (3)
(1)眼睛乾澀 (2)頸肩部僵硬不適 (3)體溫、心跳和血壓之變化幅度比較大 (4)腕道症候群。

( ) 87. 減輕皮膚燒傷程度之最重要步驟為何？ (1)
(1)儘速用清水沖洗 (2)立即刺破水泡 (3)立即在燒傷處塗抹油脂 (4)在燒傷處塗抹麵粉。

( ) 88. 眼內噴入化學物或其他異物，應立即使用下列何者沖洗眼睛？ (3)
(1)牛奶 (2)蘇打水 (3)清水 (4)稀釋的醋。

( ) 89. 石綿最可能引起下列何種疾病？ (3)
(1)白指症　(2)心臟病　(3)間皮細胞瘤　(4)巴金森氏症。

( ) 90. 作業場所高頻率噪音較易導致下列何種症狀？ (2)
(1)失眠　(2)聽力損失　(3)肺部疾病　(4)腕道症候群。

( ) 91. 下列何種患者不宜從事高溫作業？ (2)
(1)近視　(2)心臟病　(3)遠視　(4)重聽。

( ) 92. 廚房設置之排油煙機為下列何者？ (2)
(1)整體換氣裝置　(2)局部排氣裝置　(3)吹吸型換氣裝置　(4)排氣煙函。

( ) 93. 消除靜電的有效方法為下列何者？ (3)
(1)隔離　(2)摩擦　(3)接地　(4)絕緣。

( ) 94. 防塵口罩選用原則，下列敘述何者錯誤？ (4)
(1)捕集效率愈高愈好　　　　　　　　(2)吸氣阻抗愈低愈好
(3)重量愈輕愈好　　　　　　　　　　(4)視野愈小愈好。

( ) 95. 「勞工於職場上遭受主管或同事利用職務或地位上的優勢予以不當之對待，及遭受顧 (3)
客、服務對象或其他相關人士之肢體攻擊、言語侮辱、恐嚇、威脅等霸凌或暴力事件，
致發生精神或身體上的傷害」此等危害可歸類於下列何種職業危害？
(1)物理性　(2)化學性　(3)社會心理性　(4)生物性。

( ) 96. 有關高風險或高負荷、夜間工作之安排或防護措施，下列何者不恰當？ (1)
(1)若受威脅或加害時，在加害人離開前觸動警報系統，激怒加害人，使對方抓狂
(2)參照醫師之適性配工建議
(3)考量人力或性別之適任性
(4)獨自作業，宜考量潛在危害，如性暴力。

( ) 97. 若勞工工作性質需與陌生人接觸、工作中需處理不可預期的突發事件或工作場所治安狀 (2)
況較差，較容易遭遇下列何種危害？
(1)組織內部不法侵害　(2)組織外部不法侵害　(3)多發性神經病變　(4)潛涵症。

( ) 98. 以下何者不是發生電氣火災的主要原因？ (3)
(1)電器接點短路　(2)電氣火花電弧　(3)電纜線置於地上　(4)漏電。

( ) 99. 依勞工職業災害保險及保護法規定，職業災害保險之保險效力，自何時開始起算，至離 (2)
職當日停止？
(1)通知當日　(2)到職當日　(3)雇主訂定當日　(4)勞雇雙方合意之日。

( ) 100. 依勞工職業災害保險及保護法規定，勞工職業災害保險以下列何者為保險人，辦理保險 (4)
業務？
(1)財團法人職業災害預防及重建中心　　　(2)勞動部職業安全衛生署
(3)勞動部勞動基金運用局　　　　　　　　(4)勞動部勞工保險局。

工作項目② 工作倫理與職業道德

單選題

( ) 1. 請問下列何者「不是」個人資料保護法所定義的個人資料？ (3)
(1)身分證號碼　(2)最高學歷　(3)綽號　(4)護照號碼。

( ) 2. 下列何者「違反」個人資料保護法？ (4)
(1)公司基於人事管理之特定目的，張貼榮譽榜揭示績優員工姓名
(2)縣市政府提供村里長轄區內符合資格之老人名冊供發放敬老金
(3)網路購物公司為辦理退貨，將客戶之住家地址提供予宅配公司
(4)學校將應屆畢業生之住家地址提供補習班招生使用。

( ) 3. 非公務機關利用個人資料進行行銷時，下列敘述何者「錯誤」？ (1)
(1)若已取得當事人書面同意，當事人即不得拒絕利用其個人資料行銷
(2)於首次行銷時，應提供當事人表示拒絕行銷之方式
(3)當事人表示拒絕接受行銷時，應停止利用其個人資料
(4)倘非公務機關違反「應即停止利用其個人資料行銷」之義務，未於限期內改正者，按
次處新臺幣 2 萬元以上 20 萬元以下罰鍰。

( ) 4. 個人資料保護法規定為保護當事人權益，多少位以上的當事人提出告訴，就可以進行團 (4)
體訴訟：　(1)5 人　(2)10 人　(3)15 人　(4)20 人。

( ) 5. 關於個人資料保護法規之敘述，下列何者「錯誤」？ (2)
(1)公務機關執行法定職務必要範圍內，可以蒐集、處理或利用一般性個人資料
(2)間接蒐集之個人資料，於處理或利用前，不必告知當事人個人資料來源
(3)非公務機關亦應維護個人資料之正確，並主動或依當事人之請求更正或補充
(4)外國學生在臺灣短期進修或留學，也受到我國個資法的保障。

( ) 6. 下列關於個人資料保護法的敘述，下列敘述何者錯誤？ (2)
(1)不管是否使用電腦處理的個人資料，都受個人資料保護法保護
(2)公務機關依法執行公權力，不受個人資料保護法規範
(3)身分證字號、婚姻、指紋都是個人資料
(4)我的病歷資料雖然是由醫生所撰寫，但也屬於是我的個人資料範圍。

( ) 7. 對於依照個人資料保護法應告知之事項，下列何者不在法定應告知的事項內？ (3)
(1)個人資料利用之期間、地區、對象及方式
(2)蒐集之目的
(3)蒐集機關的負責人姓名
(4)如拒絕提供或提供不正確個人資料將造成之影響。

(　) 8. 請問下列何者非為個人資料保護法第 3 條所規範之當事人權利？ (2)
(1)查詢或請求閱覽 (2)請求刪除他人之資料
(3)請求補充或更正 (4)請求停止蒐集、處理或利用。

(　) 9. 下列何者非安全使用電腦內的個人資料檔案的做法？ (4)
(1)利用帳號與密碼登入機制來管理可以存取個資者的人
(2)規範不同人員可讀取的個人資料檔案範圍
(3)個人資料檔案使用完畢後立即退出應用程式，不得留置於電腦中
(4)為確保重要的個人資料可即時取得，將登入密碼標示在螢幕下方。

(　) 10. 下列何者行為非屬個人資料保護法所稱之國際傳輸？ (1)
(1)將個人資料傳送給經濟部 (2)將個人資料傳送給美國的分公司
(3)將個人資料傳送給法國的人事部門 (4)將個人資料傳送給日本的委託公司。

(　) 11. 有關專利權的敘述，何者正確？ (1)
(1)專利有規定保護年限，當某商品、技術的專利保護年限屆滿，任何人皆可運用該項
　　專利
(2)我發明了某項商品，卻被他人率先申請專利權，我仍可主張擁有這項商品的專利權
(3)專利權可涵蓋、保護抽象的概念性商品
(4)專利權為世界所共有，在本國申請專利之商品進軍國外，不需向他國申請專利權。

(　) 12. 下列使用重製行為，何者已超出「合理使用」範圍？ (4)
(1)將著作權人之作品及資訊，下載供自己使用
(2)直接轉貼高普考考古題在 FACEBOOK
(3)以分享網址的方式轉貼資訊分享於 BBS
(4)將講師的授課內容錄音供分贈友人。

(　) 13. 下列有關智慧財產權行為之敘述，何者有誤？ (1)
(1)製造、販售仿冒註冊商標的商品不屬於公訴罪之範疇，但已侵害商標權之行為
(2)以 101 大樓、美麗華百貨公司做為拍攝電影的背景，屬於合理使用的範圍
(3)原作者自行創作某音樂作品後，即可宣稱擁有該作品之著作權
(4)商標權是為促進文化發展為目的，所保護的財產權之一。

(　) 14. 專利權又可區分為發明、新型與設計三種專利權，其中，發明專利權是否有保護期限？ (2)
期限為何？
(1)有，5 年　(2)有，20 年　(3)有，50 年　(4)無期限，只要申請後就永久歸申請人所有。

(　) 15. 下列有關著作權之概念，何者正確？ (1)
(1)國外學者之著作，可受我國著作權法的保護
(2)公務機關所函頒之公文，受我國著作權法的保護
(3)著作權要待向智慧財產權申請通過後才可主張
(4)以傳達事實之新聞報導，依然受著作權之保障。

(　) 16. 受僱人於職務上所完成之著作，如果沒有特別以契約約定，其著作人為下列何者？　(2)
(1)雇用人　(2)受僱人　(3)雇用公司或機關法人代表　(4)由雇用人指定之自然人或法人。

(　) 17. 任職於某公司的程式設計工程師，因職務所編寫之電腦程式，如果沒有特別以契約約　(1)
定，則該電腦程式重製之權利歸屬下列何者？
(1)公司　(2)編寫程式之工程師　(3)公司全體股東共有　(4)公司與編寫程式之工程師共有。

(　) 18. 某公司員工因執行業務，擅自以重製之方法侵害他人之著作財產權，若被害人提起告　(3)
訴，下列對於處罰對象的敘述，何者正確？
(1)僅處罰侵犯他人著作財產權之員工
(2)僅處罰雇用該名員工的公司
(3)該名員工及其雇主皆須受罰
(4)員工只要在從事侵犯他人著作財產權之行為前請示雇主並獲同意，便可以不受處罰。

(　) 19. 某廠商之商標在我國已經獲准註冊，請問若希望將商品行銷販賣到國外，請問是否需在　(1)
當地申請註冊才能受到保護？
(1)是，因為商標權註冊採取屬地保護原則
(2)否，因為我國申請註冊之商標權在國外也會受到承認
(3)不一定，需視我國是否與商品希望行銷販賣的國家訂有相互商標承認之協定
(4)不一定，需視商品希望行銷販賣的國家是否為 WTO 會員國。

(　) 20. 受僱人於職務上所完成之發明、新型或設計，其專利申請權及專利權如未特別約定屬於　(1)
下列何者？
(1)雇用人　(2)受僱人　(3)雇用人所指定之自然人或法人　(4)雇用人與受僱人共有。

(　) 21. 任職大發公司的郝聰明，專門從事技術研發，有關研發技術的專利申請權及專利權歸　(4)
屬，下列敘述何者錯誤？
(1)職務上所完成的發明，除契約另有約定外，專利申請權及專利權屬於大發公司
(2)職務上所完成的發明，雖然專利申請權及專利權屬於大發公司，但是郝聰明享有姓名
　表示權
(3)郝聰明完成非職務上的發明，應即以書面通知大發公司
(4)大發公司與郝聰明之雇傭契約約定，郝聰明非職務上的發明，全部屬於公司，約定有
　效。

(　) 22. 有關著作權的下列敘述何者不正確？　(3)
(1)我們到表演場所觀看表演時，不可隨便錄音或錄影
(2)到攝影展上，拿相機拍攝展示的作品，分贈給朋友，是侵害著作權的行為
(3)網路上供人下載的免費軟體，都不受著作權法保護，所以我可以燒成大補帖光碟，再
　去賣給別人
(4)高普考試題，不受著作權法保護。

( ) 23. 有關著作權的下列敘述何者錯誤？　　　　　　　　　　　　　　　　　　　　(3)
(1)撰寫碩博士論文時，在合理範圍內引用他人的著作，只要註明出處，不會構成侵害著作權
(2)在網路散布盜版光碟，不管有沒有營利，會構成侵害著作權
(3)在網路的部落格看到一篇文章很棒，只要註明出處，就可以把文章複製在自己的部落格
(4)將補習班老師的上課內容錄音檔，放到網路上拍賣，會構成侵害著作權。

( ) 24. 有關商標權的下列敘述何者錯誤？　　　　　　　　　　　　　　　　　　　　(4)
(1)要取得商標權一定要申請商標註冊
(2)商標註冊後可取得 10 年商標權
(3)商標註冊後，3 年不使用，會被廢止商標權
(4)在夜市買的仿冒品，品質不好，上網拍賣，不會構成侵權。

( ) 25. 下列關於營業秘密的敘述，何者不正確？　　　　　　　　　　　　　　　　　(1)
(1)受雇人於非職務上研究或開發之營業秘密，仍歸雇用人所有
(2)營業秘密不得為質權及強制執行之標的
(3)營業秘密所有人得授權他人使用其營業秘密
(4)營業秘密得全部或部分讓與他人或與他人共有。

( ) 26. 下列何者「非」屬於營業秘密？　　　　　　　　　　　　　　　　　　　　　(1)
(1)具廣告性質的不動產交易底價　　　　(2)須授權取得之產品設計或開發流程圖示
(3)公司內部管制的各種計畫方案　　　　(4)客戶名單。

( ) 27. 營業秘密可分為「技術機密」與「商業機密」，下列何者屬於「商業機密」？　　(3)
(1)程式　(2)設計圖　(3)客戶名單　(4)生產製程。

( ) 28. 甲公司將其新開發受營業秘密法保護之技術，授權乙公司使用，下列何者不得為之？　(1)
(1)乙公司已獲授權，所以可以未經甲公司同意，再授權丙公司使用
(2)約定授權使用限於一定之地域、時間
(3)約定授權使用限於特定之內容、一定之使用方法
(4)要求被授權人乙公司在一定期間負有保密義務。

( ) 29. 甲公司嚴格保密之最新配方產品大賣，下列何者侵害甲公司之營業秘密？　　　(3)
(1)鑑定人 A 因司法審理而知悉配方
(2)甲公司授權乙公司使用其配方
(3)甲公司之 B 員工擅自將配方盜賣給乙公司
(4)甲公司與乙公司協議共有配方。

( ) 30. 故意侵害他人之營業秘密，法院因被害人之請求，最高得酌定損害額幾倍之賠償？　(3)
(1)1 倍　(2)2 倍　(3)3 倍　(4)4 倍。

（　）31. 受雇者因承辦業務而知悉營業秘密，在離職後對於該營業秘密的處理方式，下列敘述何者正確？　(4)
(1)聘雇關係解除後便不再負有保障營業秘密之責
(2)僅能自用而不得販售獲取利益
(3)自離職日起 3 年後便不再負有保障營業秘密之責
(4)離職後仍不得洩漏該營業秘密。

（　）32. 按照現行法律規定，侵害他人營業秘密，其法律責任為：　(3)
(1)僅需負刑事責任
(2)僅需負民事損害賠償責任
(3)刑事責任與民事損害賠償責任皆須負擔
(4)刑事責任與民事損害賠償責任皆不須負擔。

（　）33. 企業內部之營業秘密，可以概分為「商業性營業秘密」及「技術性營業秘密」二大類型，　(3)
請問下列何者屬於「技術性營業秘密」？
(1)人事管理　(2)經銷據點　(3)產品配方　(4)客戶名單。

（　）34. 某離職同事請求在職員工將離職前所製作之某份文件傳送給他，請問下列回應方式何者　(3)
正確？
(1)由於該項文件係由該離職員工製作，因此可以傳送文件
(2)若其目的僅為保留檔案備份，便可以傳送文件
(3)可能構成對於營業秘密之侵害，應予拒絕並請他直接向公司提出請求
(4)視彼此交情決定是否傳送文件。

（　）35. 行為人以竊取等不正當方法取得營業秘密，下列敘述何者正確？　(1)
(1)已構成犯罪
(2)只要後續沒有洩漏便不構成犯罪
(3)只要後續沒有出現使用之行為便不構成犯罪
(4)只要後續沒有造成所有人之損害便不構成犯罪。

（　）36. 針對在我國境內竊取營業秘密後，意圖在外國、中國大陸或港澳地區使用者，營業秘密　(3)
法是否可以適用？
(1)無法適用
(2)可以適用，但若屬未遂犯則不罰
(3)可以適用並加重其刑
(4)能否適用需視該國家或地區與我國是否簽訂相互保護營業秘密之條約或協定。

（　）37. 所謂營業秘密，係指方法、技術、製程、配方、程式、設計或其他可用於生產、銷售或　(4)
經營之資訊，但其保障所需符合的要件不包括下列何者？
(1)因其秘密性而具有實際之經濟價值者　(2)所有人已採取合理之保密措施者
(3)因其秘密性而具有潛在之經濟價值者　(4)一般涉及該類資訊之人所知者。

(　) 38. 因故意或過失而不法侵害他人之營業秘密者，負損害賠償責任。該損害賠償之請求權，　(1)
　　　　　自請求權人知有行爲及賠償義務人時起，幾年間不行使就會消滅？
　　　　　(1)2 年　(2)5 年　(3)7 年　(4)10 年。

(　) 39. 公務機關首長要求人事單位聘僱自己的弟弟擔任工友，違反何種法令？　(1)
　　　　　(1)公職人員利益衝突迴避法　(2)刑法　(3)貪污治罪條例　(4)未違反法令。

(　) 40. 依新修公布之公職人員利益衝突迴避法(以下簡稱本法)規定，公職人員甲與其關係人下　(4)
　　　　　列何種行爲不違反本法？
　　　　　(1)甲要求受其監督之機關聘用兒子乙
　　　　　(2)配偶乙以請託關說之方式，請求甲之服務機關通過其名下農地變更使用申請案
　　　　　(3)甲承辦案件時，明知有利益衝突之情事，但因自認爲人公正，故不自行迴避
　　　　　(4)關係人丁經政府採購法公告程序取得甲服務機關之年度採購標案。

(　) 41. 公司負責人爲了要節省開銷，將員工薪資以高報低來投保全民健保及勞保，是觸犯了刑　(1)
　　　　　法上之何種罪刑？
　　　　　(1)詐欺罪　(2)侵占罪　(3)背信罪　(4)工商秘密罪。

(　) 42. A 受雇於公司擔任會計，因自己的財務陷入危機，多次將公司帳款轉入妻兒戶頭，是觸　(2)
　　　　　犯了刑法上之何種罪刑？
　　　　　(1)洩漏工商秘密罪　(2)侵占罪　(3)詐欺罪　(4)僞造文書罪。

(　) 43. 某甲於公司擔任業務經理時，未依規定經董事會同意，私自與自己親友之公司訂定生意　(3)
　　　　　合約，會觸犯下列何種罪刑？
　　　　　(1)侵占罪　(2)貪污罪　(3)背信罪　(4)詐欺罪。

(　) 44. 如果你擔任公司採購的職務，親朋好友們會向你推銷自家的產品，希望你要採購時，你　(1)
　　　　　應該
　　　　　(1)適時地婉拒，說明利益需要迴避的考量，請他們見諒
　　　　　(2)既然是親朋好友，就應該互相幫忙
　　　　　(3)建議親朋好友將產品折扣，折扣部分歸於自己，就會採購
　　　　　(4)可以暗中地幫忙親朋好友，進行採購，不要被發現有親友關係便可。

(　) 45. 小美是公司的業務經理，有一天巧遇國中同班的死黨小林，發現他是公司的下游廠商老　(3)
　　　　　闆。最近小美處理一件公司的招標案，小林的公司也在其中，私下約小美見面，請求
　　　　　她提供這次招標案的底標，並馬上要給予幾十萬元的前謝金，請問小美該怎麼辦？
　　　　　(1)退回錢，並告訴小林都是老朋友，一定會全力幫忙
　　　　　(2)收下錢，將錢拿出來給單位同事們分紅
　　　　　(3)應該堅決拒絕，並避免每次見面都與小林談論相關業務問題
　　　　　(4)朋友一場，給他一個比較接近底標的金額，反正又不是正確的，所以沒關係。

( ) 46. 公司發給每人一台平板電腦提供業務上使用，但是發現根本很少再使用，為了讓它有效 (3)
的利用，所以將它拿回家給親人使用，這樣的行為是
(1)可以的，這樣就不用花錢買
(2)可以的，反正放在那裡不用它，也是浪費資源
(3)不可以的，因為這是公司的財產，不能私用
(4)不可以的，因為使用年限未到，如果年限到報廢了，便可以拿回家。

( ) 47. 公司的車子，假日又沒人使用，你是鑰匙保管者，請問假日可以開出去嗎？ (3)
(1)可以，只要付費加油即可
(2)可以，反正假日不影響公務
(3)不可以，因為是公司的，並非私人擁有
(4)不可以，應該是讓公司想要使用的員工，輪流使用才可。

( ) 48. 阿哲是財經線的新聞記者，某次採訪中得知 A 公司在一個月內將有一個大的併購案，這 (4)
個併購案顯示公司的財力，且能讓 A 公司股價往上飆升。請問阿哲得知此消息後，可以
立刻購買該公司的股票嗎？
(1)可以，有錢大家賺
(2)可以，這是我努力獲得的消息
(3)可以，不賺白不賺
(4)不可以，屬於內線消息，必須保持記者之操守，不得洩漏。

( ) 49. 與公務機關接洽業務時，下列敘述何者「正確」？ (4)
(1)沒有要求公務員違背職務，花錢疏通而已，並不違法
(2)唆使公務機關承辦採購人員配合浮報價額，僅屬偽造文書行為
(3)口頭允諾行賄金額但還沒送錢，尚不構成犯罪
(4)與公務員同謀之共犯，即便不具公務員身分，仍會依據貪污治罪條例處刑。

( ) 50. 公司總務部門員工因辦理政府採購案，而與公務機關人員有互動時，下列敘述何者「正 (3)
確」？
(1)對於機關承辦人，經常給予不超過新台幣 5 佰元以下的好處，無論有無對價關係，對
方收受皆符合廉政倫理規範
(2)招待驗收人員至餐廳用餐，是慣例屬社交禮貌行為
(3)因民俗節慶公開舉辦之活動，機關公務員在簽准後可受邀參與
(4)以借貸名義，餽贈財物予公務員，即可規避刑事追究。

( ) 51. 與公務機關有業務往來構成職務利害關係者，下列敘述何者「正確」？ (1)
(1)將餽贈之財物請公務員父母代轉，該公務員亦已違反規定
(2)與公務機關承辦人飲宴應酬為增進基本關係的必要方法
(3)高級茶葉低價售予有利害關係之承辦公務員，有價購行為就不算違反法規
(4)機關公務員藉子女婚宴廣邀業務往來廠商之行為，並無不妥。

( )52. 貪污治罪條例所稱之「賄賂或不正利益」與公務員廉政倫理規範所稱之「餽贈財物」，(4)
其最大差異在於下列何者之有無？
(1)利害關係　(2)補助關係　(3)隸屬關係　(4)對價關係。

( )53. 廠商某甲承攬公共工程，工程進行期間，甲與其工程人員經常招待該公共工程委辦機關 (4)
之監工及驗收之公務員喝花酒或招待出國旅遊，下列敘述何者正確？
(1)公務員若沒有收現金，就沒有罪
(2)只要工程沒有問題，某甲與監工及驗收等相關公務員就沒有犯罪
(3)因為不是送錢，所以都沒有犯罪
(4)某甲與相關公務員均已涉嫌觸犯貪污治罪條例。

( )54. 行(受)賄罪成立要素之一為具有對價關係，而作為公務員職務之對價有「賄賂」或「不 (1)
正利益」，下列何者「不」屬於「賄賂」或「不正利益」？
(1)開工邀請公務員觀禮　　　　　　　(2)送百貨公司大額禮券
(3)免除債務　　　　　　　　　　　　(4)招待吃米其林等級之高檔大餐。

( )55. 下列關於政府採購人員之敘述，何者為正確？ (1)
(1)非主動向廠商求取，偶發地收取廠商致贈價值在新臺幣 500 元以下之廣告物、促銷品、
紀念品
(2)要求廠商提供與採購無關之額外服務
(3)利用職務關係向廠商借貸
(4)利用職務關係媒介親友至廠商處所任職。

( )56. 下列有關貪腐的敘述何者錯誤？ (4)
(1)貪腐會危害永續發展和法治　　　　(2)貪腐會破壞民主體制及價值觀
(3)貪腐會破壞倫理道德與正義　　　　(4)貪腐有助降低企業的經營成本。

( )57. 下列有關促進參與預防和打擊貪腐的敘述何者錯誤？ (3)
(1)提高政府決策透明度
(2)廉政機構應受理匿名檢舉
(3)儘量不讓公民團體、非政府組織與社區組織有參與的機會
(4)向社會大眾及學生宣導貪腐「零容忍」觀念。

( )58. 下列何者不是設置反貪腐專責機構須具備的必要條件？ (4)
(1)賦予該機構必要的獨立性
(2)使該機構的工作人員行使職權不會受到不當干預
(3)提供該機構必要的資源、專職工作人員及必要培訓
(4)賦予該機構的工作人員有權力可隨時逮捕貪污嫌疑人。

( )59. 為建立良好之公司治理制度，公司內部宜納入何種檢舉人制度？ (2)
(1)告訴乃論制度　　　　　　　　　　(2)吹哨者(whistleblower)管道及保護制度
(3)不告不理制度　　　　　　　　　　(4)非告訴乃論制度。

( ) 60. 檢舉人向有偵查權機關或政風機構檢舉貪污瀆職，必須於何時為之始可能給與獎金？ (2)
(1)犯罪未起訴前 (2)犯罪未發覺前 (3)犯罪未遂前 (4)預備犯罪前。

( ) 61. 公司訂定誠信經營守則時，不包括下列何者？ (4)
(1)禁止不誠信行為 (2)禁止行賄及收賄
(3)禁止提供不法政治獻金 (4)禁止適當慈善捐助或贊助。

( ) 62. 檢舉人應以何種方式檢舉貪污瀆職始能核給獎金？ (3)
(1)匿名 (2)委託他人檢舉 (3)以真實姓名檢舉 (4)以他人名義檢舉。

( ) 63. 我國制定何法以保護刑事案件之證人，使其勇於出面作證，俾利犯罪之偵查、審判？ (4)
(1)貪污治罪條例 (2)刑事訴訟法 (3)行政程序法 (4)證人保護法。

( ) 64. 下列何者「非」屬公司對於企業社會責任實踐之原則？ (1)
(1)加強個人資料揭露 (2)維護社會公益 (3)發展永續環境 (4)落實公司治理。

( ) 65. 下列何者「不」屬於職業素養的範疇？ (1)
(1)獲利能力 (2)正確的職業價值觀 (3)職業知識技能 (4)良好的職業行為習慣。

( ) 66. 下列行為何者「不」屬於敬業精神的表現？ (4)
(1)遵守時間約定 (2)遵守法律規定 (3)保守顧客隱私 (4)隱匿公司產品瑕疵訊息。

( ) 67. 下列何者符合專業人員的職業道德？ (4)
(1)未經雇主同意，於上班時間從事私人事務 (2)利用雇主的機具設備私自接單生產
(3)未經顧客同意，任意散佈或利用顧客資料 (4)盡力維護雇主及客戶的權益。

( ) 68. 身為公司員工必須維護公司利益，下列何者是正確的工作態度或行為？ (4)
(1)將公司逾期的產品更改標籤
(2)施工時不顧品質，以省時、省料為首要考量
(3)服務時首先考慮公司的利益，然後再考量顧客權益
(4)工作時謹守本分，以積極態度解決問題。

( ) 69. 身為專業技術工作人士，應以何種認知及態度服務客戶？ (3)
(1)若客戶不瞭解，就儘量減少成本支出，抬高報價
(2)遇到維修問題，儘量拖過保固期
(3)主動告知可能碰到問題及預防方法
(4)隨著個人心情來提供服務的內容及品質。

( ) 70. 因為工作本身需要高度專業技術及知識，所以在對客戶服務時應如何？ (2)
(1)不用理會顧客的意見
(2)保持親切、真誠、客戶至上的態度
(3)若價錢較低，就敷衍了事
(4)以專業機密為由，不用對客戶說明及解釋。

(　) 71. 從事專業性工作，在與客戶約定時間應　(2)
(1)保持彈性，任意調整　　　　　　　　　(2)儘可能準時，依約定時間完成工作
(3)能拖就拖，能改就改　　　　　　　　　(4)自己方便就好，不必理會客戶的要求。

(　) 72. 從事專業性工作，在服務顧客時應有的態度為何？　(1)
(1)選擇最安全、經濟及有效的方法完成工作
(2)選擇工時較長、獲利較多的方法服務客戶
(3)為了降低成本，可以降低安全標準
(4)不必顧及雇主和顧客的立場。

(　) 73. 當發現公司的產品可能會對顧客身體產生危害時，正確的作法或行動應是　(1)
(1)立即向主管或有關單位報告　　　　　　(2)若無其事，置之不理
(3)儘量隱瞞事實，協助掩飾問題　　　　　(4)透過管道告知媒體或競爭對手。

(　) 74. 以下那一項員工的作為符合敬業精神？　(4)
(1)利用正常工作時間從事私人事務　　　　(2)運用雇主的資源，從事個人工作
(3)未經雇主同意擅離工作崗位　　　　　　(4)謹守職場紀律及禮節，尊重客戶隱私。

(　) 75. 如果發現有同事，利用公司的財產做私人的事，我們應該要　(2)
(1)未經查證或勸阻立即向主管報告
(2)應該立即勸阻，告知他這是不對的行為
(3)不關我的事，我只要管好自己便可以
(4)應該告訴其他同事，讓大家來共同糾正與斥責他。

(　) 76. 小禎離開異鄉就業，來到小明的公司上班，小明是當地的人，他應該：　(2)
(1)不關他的事，自己管好就好
(2)多關心小禎的生活適應情況，如有困難加以協助
(3)小禎非當地人，應該不容易相處，不要有太多接觸
(4)小禎是同單位的人，是個競爭對手，應該多加防範。

(　) 77. 小張獲選為小孩學校的家長會長，這個月要召開會議，沒時間準備資料，所以，利用上　(3)
班期間有空檔，非休息時間來完成，請問是否可以：
(1)可以，因為不耽誤他的工作
(2)可以，因為他能力好，能夠同時完成很多事
(3)不可以，因為這是私事，不可以利用上班時間完成
(4)可以，只要不要被發現。

(　) 78. 小吳是公司的專用司機，為了能夠隨時用車，經過公司同意，每晚都將公司的車開回家，　(2)
然而，他發現反正每天上班路線，都要經過女兒學校，就順便載女兒上學，請問可以嗎？
(1)可以，反正順路　　　　　　　　　　　(2)不可以，這是公司的車不能私用
(3)可以，只要不被公司發現即可　　　　　(4)可以，要資源須有效使用。

(　　) 79. 如果公司受到不當與不正確的毀謗與指控，你應該是：　　　　　　　　　　　　(2)
　　　　(1)加入毀謗行列，將公司內部的事情，都說出來告訴大家
　　　　(2)相信公司，幫助公司對抗這些不實的指控
　　　　(3)向媒體爆料，更多不實的內容
　　　　(4)不關我的事，只要能夠領到薪水就好。

(　　) 80. 筱珮要離職了，公司主管交代，她要做業務上的交接，她該怎麼辦？　　　　　　(3)
　　　　(1)不用理它，反正都要離開公司了
　　　　(2)把以前的業務資料都刪除或設密碼，讓別人都打不開
　　　　(3)應該將承辦業務整理歸檔清楚，並且留下聯絡的方式，未來有問題可以詢問她
　　　　(4)盡量交接，如果離職日一到，就不關他的事。

(　　) 81. 彥江是職場上的新鮮人，剛進公司不久，他應該具備怎樣的態度。　　　　　　　(4)
　　　　(1)上班、下班，管好自己便可
　　　　(2)仔細觀察公司生態，加入某些小團體，以做為後盾
　　　　(3)只要做好人脈關係，這樣以後就好辦事
　　　　(4)努力做好自己職掌的業務，樂於工作，與同事之間有良好的互動，相互協助。

(　　) 82. 在公司內部行使商務禮儀的過程，主要以參與者在公司中的何種條件來訂定順序？　(4)
　　　　(1)年齡　(2)性別　(3)社會地位　(4)職位。

(　　) 83. 一位職場新鮮人剛進公司時，良好的工作態度是　　　　　　　　　　　　　　　(1)
　　　　(1)多觀察、多學習，了解企業文化和價值觀
　　　　(2)多打聽哪一個部門比較輕鬆，升遷機會較多
　　　　(3)多探聽哪一個公司在找人，隨時準備跳槽走人
　　　　(4)多遊走各部門認識同事，建立自己的小圈圈。

(　　) 84. 乘坐轎車時，如有司機駕駛，按照乘車禮儀，以司機的方位來看，首位應為　　　(1)
　　　　(1)後排右側　(2)前座右側　(3)後排左側　(4)後排中間。

(　　) 85. 根據性別工作平等法，下列何者非屬職場性騷擾？　　　　　　　　　　　　　　(4)
　　　　(1)公司員工執行職務時，客戶對其講黃色笑話，該員工感覺被冒犯
　　　　(2)雇主對求職者要求交往，作為僱用與否之交換條件
　　　　(3)公司員工執行職務時，遭到同事以「女人就是沒大腦」性別歧視用語加以辱罵，該員
　　　　　工感覺其人格尊嚴受損
　　　　(4)公司員工下班後搭乘捷運，在捷運上遭到其他乘客偷拍。

(　　) 86. 根據性別工作平等法，下列何者非屬職場性別歧視？　　　　　　　　　　　　　(4)
　　　　(1)雇主考量男性賺錢養家之社會期待，提供男性高於女性之薪資
　　　　(2)雇主考量女性以家庭為重之社會期待，裁員時優先資遣女性
　　　　(3)雇主事先與員工約定倘其有懷孕之情事，必須離職
　　　　(4)有未滿 2 歲子女之男性員工，也可申請每日六十分鐘的哺乳時間。

(　) 87. 根據性別工作平等法，有關雇主防治性騷擾之責任與罰則，下列何者錯誤？　(3)
(1)僱用受僱者 30 人以上者，應訂定性騷擾防治措施、申訴及懲戒辦法
(2)雇主知悉性騷擾發生時，應採取立即有效之糾正及補救措施
(3)雇主違反應訂定性騷擾防治措施之規定時，處以罰鍰即可，不用公布其姓名
(4)雇主違反應訂定性騷擾申訴管道者，應限期令其改善，屆期未改善者，應按次處罰。

(　) 88. 根據性騷擾防治法，有關性騷擾之責任與罰則，下列何者錯誤？　(1)
(1)對他人為性騷擾者，如果沒有造成他人財產上之損失，就無需負擔金錢賠償之責任
(2)對於因教育、訓練、醫療、公務、業務、求職，受自己監督、照護之人，利用權勢或
機會為性騷擾者，得加重科處罰鍰至二分之一
(3)意圖性騷擾，乘人不及抗拒而為親吻、擁抱或觸摸其臀部、胸部或其他身體隱私處之
行為者，處 2 年以下有期徒刑、拘役或科或併科 10 萬元以下罰金
(4)對他人為性騷擾者，由直轄市、縣(市)主管機關處 1 萬元以上 10 萬元以下罰鍰。

(　) 89. 根據消除對婦女一切形式歧視公約(CEDAW)，下列何者正確？　(1)
(1)對婦女的歧視指基於性別而作的任何區別、排斥或限制
(2)只關心女性在政治方面的人權和基本自由
(3)未要求政府需消除個人或企業對女性的歧視
(4)傳統習俗應予保護及傳承，即使含有歧視女性的部分，也不可以改變。

(　) 90. 學校駐衛警察之遴選規定以服畢兵役作為遴選條件之一，根據消除對婦女一切形式歧視　(2)
公約(CEDAW)，下列何者錯誤？
(1)服畢兵役者仍以男性為主，此條件已排除多數女性被遴選的機會，屬性別歧視
(2)此遴選條件未明定限男性，不屬性別歧視
(3)駐衛警察之遴選應以從事該工作所需的能力或資格作為條件
(4)已違反 CEDAW 第 1 條對婦女的歧視。

(　) 91. 某規範明定地政機關進用女性測量助理名額，不得超過該機關測量助理名額總數二分之　(1)
一，根據消除對婦女一切形式歧視公約(CEDAW)，下列何者正確？
(1)限制女性測量助理人數比例，屬於直接歧視
(2)土地測量經常在戶外工作，基於保護女性所作的限制，不屬性別歧視
(3)此項二分之一規定是為促進男女比例平衡
(4)此限制是為確保機關業務順暢推動，並未歧視女性。

(　) 92. 根據消除對婦女一切形式歧視公約(CEDAW)之間接歧視意涵，下列何者錯誤？　(4)
(1)一項法律、政策、方案或措施表面上對男性和女性無任何歧視，但實際上卻產生歧視
的效果
(2)察覺間接歧視的一個方法，是善加利用性別統計與性別分析
(3)如果未正視歧視之結構和歷史模式，及忽略男女權力關係之不平等，可能使現有不平
等狀況更為惡化
(4)不論在任何情況下，只要以相同方式對待男性和女性，就能避免間接歧視之產生。

(　　) 93. 關於菸品對人體的危害的敘述，下列何者「正確」？ 　(3)
　　　　(1)只要開電風扇、或是空調就可以去除二手菸
　　　　(2)抽雪茄比抽紙菸危害還要小
　　　　(3)吸菸者比不吸菸者容易得肺癌
　　　　(4)只要不將菸吸入肺部，就不會對身體造成傷害。

(　　) 94. 下列何者「不是」菸害防制法之立法目的？ 　(4)
　　　　(1)防制菸害　(2)保護未成年免於菸害　(3)保護孕婦免於菸害　(4)促進菸品的使用。

(　　) 95. 有關菸害防制法規範，「不可販賣菸品」給幾歲以下的人？ 　(3)
　　　　(1)20　(2)19　(3)18　(4)17。

(　　) 96. 按菸害防制法規定，對於在禁菸場所吸菸會被罰多少錢？ 　(1)
　　　　(1)新臺幣 2 千元至 1 萬元罰鍰　　　　　　(2)新臺幣 1 千元至 5 千元罰鍰
　　　　(3)新臺幣 1 萬元至 5 萬元罰鍰　　　　　　(4)新臺幣 2 萬元至 10 萬元罰鍰。

(　　) 97. 按菸害防制法規定，下列敘述何者錯誤？ 　(1)
　　　　(1)只有老闆、店員才可以出面勸阻在禁菸場所抽菸的人
　　　　(2)任何人都可以出面勸阻在禁菸場所抽菸的人
　　　　(3)餐廳、旅館設置室內吸菸室，需經專業技師簽證核可
　　　　(4)加油站屬易燃易爆場所，任何人都要勸阻在禁菸場所抽菸的人。

(　　) 98. 按菸害防制法規定，對於主管每天在辦公室內吸菸，應如何處理？ 　(3)
　　　　(1)未違反菸害防制法　　　　　　　　　　(2)因為是主管，所以只好忍耐
　　　　(3)撥打菸害申訴專線檢舉(0800-531-531)　　(4)開空氣清淨機，睜一隻眼閉一睜眼。

(　　) 99. 對電子煙的敘述，何者錯誤？ 　(4)
　　　　(1)含有尼古丁會成癮　(2)會有爆炸危險　(3)含有毒致癌物質　(4)可以幫助戒菸。

(　　) 100. 下列何者是錯誤的「戒菸」方式？ 　(4)
　　　　(1)撥打戒菸專線 0800-63-63-63　　　　　　(2)求助醫療院所、社區藥局專業戒菸
　　　　(3)參加醫院或衛生所所辦理的戒菸班　　　　(4)自己購買電子煙來戒菸。

工作項目③ 環境保護

單選題

( ) 1. 世界環境日是在每一年的哪一日？ (1)
(1)6 月 5 日　(2)4 月 10 日　(3)3 月 8 日　(4)11 月 12 日。

( ) 2. 2015 年巴黎協議之目的為何？ (3)
(1)避免臭氧層破壞　　　　　　　(2)減少持久性污染物排放
(3)遏阻全球暖化趨勢　　　　　　(4)生物多樣性保育。

( ) 3. 下列何者為環境保護的正確作為？ (3)
(1)多吃肉少蔬食　(2)自己開車不共乘　(3)鐵馬步行　(4)不隨手關燈。

( ) 4. 下列何種行為對生態環境會造成較大的衝擊？ (2)
(1)種植原生樹木　(2)引進外來物種　(3)設立國家公園　(4)設立保護區。

( ) 5. 下列哪一種飲食習慣能減碳抗暖化？ (2)
(1)多吃速食　(2)多吃天然蔬果　(3)多吃牛肉　(4)多選擇吃到飽的餐館。

( ) 6. 小明於隨地亂丟垃圾之現場遇依廢棄物清理法執行稽查人員要求提示身分證明，如小明 (3)
無故拒絕提供，將受何處分？
(1)勸導改善　　　　　　　　　　(2)移送警察局
(3)處新臺幣 6 百元以上 3 千元以下罰鍰　(4)接受環境講習。

( ) 7. 飼主遛狗時，其狗在道路或其他公共場所便溺時，下列何者應優先負清除責任？ (1)
(1)主人　(2)清潔隊　(3)警察　(4)土地所有權人。

( ) 8. 四公尺以內之公共巷、弄路面及水溝之廢棄物，應由何人負責清除？ (3)
(1)里辦公處　(2)清潔隊　(3)相對戶或相鄰戶分別各半清除　(4)環保志工。

( ) 9. 外食自備餐具是落實綠色消費的哪一項表現？ (1)
(1)重複使用　(2)回收再生　(3)環保選購　(4)降低成本。

( ) 10. 再生能源一般是指可永續利用之能源，主要包括哪些：A.化石燃料　B.風力　C.太陽能　D. (2)
水力？
(1)ACD　(2)BCD　(3)ABD　(4)ABCD。

( ) 11. 何謂水足跡，下列何者是正確的？ (3)
(1)水利用的途徑
(2)每人用水量紀錄
(3)消費者所購買的商品，在生產過程中消耗的用水量
(4)水循環的過程。

(　) 12. 依環境基本法第 3 條規定,基於國家長期利益,經濟、科技及社會發展均應兼顧環境保 (4)
護。但如果經濟、科技及社會發展對環境有嚴重不良影響或有危害時,應以何者優先?
(1)經濟　(2)科技　(3)社會　(4)環境。

(　) 13. 爲了保護環境,政府提出了 4 個 R 的口號,下列何者不是 4R 中的其中一項? (4)
(1)減少使用　(2)再利用　(3)再循環　(4)再創新。

(　) 14. 逛夜市時常有攤位在販賣滅蟑藥,下列何者正確? (2)
(1)滅蟑藥是藥,中央主管機關爲衛生福利部
(2)滅蟑藥是環境衛生用藥,中央主管機關是環境保護署
(3)只要批貨,人人皆可販賣滅蟑藥,不須領得許可執照
(4)滅蟑藥之包裝上不用標示有效期限。

(　) 15. 森林面積的減少甚至消失可能導致哪些影響:A.水資源減少　B.減緩全球暖化　C.加劇全 (1)
球暖化 D.降低生物多樣性?
(1)ACD　(2)BCD　(3)ABD　(4)ABCD。

(　) 16. 塑膠爲海洋生態的殺手,所以環保署推動「無塑海洋」政策,下列何項不是減少塑膠危 (3)
害海洋生態的重要措施?
(1)擴大禁止免費供應塑膠袋
(2)禁止製造、進口及販售含塑膠柔珠的清潔用品
(3)定期進行海水水質監測
(4)淨灘、淨海。

(　) 17. 違反環境保護法律或自治條例之行政法上義務,經處分機關處停工、停業處分或處新臺 (2)
幣五千元以上罰鍰者,應接受下列何種講習?
(1)道路交通安全講習　(2)環境講習　(3)衛生講習　(4)消防講習。

(　) 18. 綠色設計主要爲節能、生態與下列何者? (2)
(1)生產成本低廉的產品　　　　　　　(2)表示健康的、安全的商品
(3)售價低廉易購買的商品　　　　　　(4)包裝紙一定要用綠色系統者。

(　) 19. 下列何者爲環保標章? (1)

(1)　　　　(2)　　　　(3)　　　　(4) 。

(　) 20. 「聖嬰現象」是指哪一區域的溫度異常升高? (2)
(1)西太平洋表層海水　　　　　　　　(2)東太平洋表層海水
(3)西印度洋表層海水　　　　　　　　(4)東印度洋表層海水。

(　) 21. 「酸雨」定義爲雨水酸鹼值達多少以下時稱之? (1)
(1)5.0　(2)6.0　(3)7.0　(4)8.0。

(　) 22.　一般而言，水中溶氧量隨水溫之上升而呈下列哪一種趨勢？　(2)
　　　　(1)增加　(2)減少　(3)不變　(4)不一定。

(　) 23.　二手菸中包含多種危害人體的化學物質，甚至多種物質有致癌性，會危害到下列何者的　(4)
　　　　健康？
　　　　(1)只對 12 歲以下孩童有影響　　　　　(2)只對孕婦比較有影響
　　　　(3)只有 65 歲以上之民眾有影響　　　　(4)全民皆有影響。

(　) 24.　二氧化碳和其他溫室氣體含量增加是造成全球暖化的主因之一，下列何種飲食方式也能　(2)
　　　　降低碳排放量，對環境保護做出貢獻：A.少吃肉，多吃蔬菜；B.玉米產量減少時，購買
　　　　玉米罐頭食用；C.選擇當地食材；D.使用免洗餐具，減少清洗用水與清潔劑？
　　　　(1)AB　(2)AC　(3)AD　(4)ACD。

(　) 25.　上下班的交通方式有很多種，其中包括：A.騎腳踏車；B.搭乘大眾交通工具；C 自行開　(1)
　　　　車，請將前述幾種交通方式之單位排碳量由少至多之排列方式為何？
　　　　(1)ABC　(2)ACB　(3)BAC　(4)CBA。

(　) 26.　下列何者「不是」室內空氣污染源？　(3)
　　　　(1)建材　(2)辦公室事務機　(3)廢紙回收箱　(4)油漆及塗料。

(　) 27.　下列何者不是自來水消毒採用的方式？　(4)
　　　　(1)加入臭氧　(2)加入氯氣　(3)紫外線消毒　(4)加入二氧化碳。

(　) 28.　下列何者不是造成全球暖化的元凶？　(4)
　　　　(1)汽機車排放的廢氣　　　　　　　　　(2)工廠所排放的廢氣
　　　　(3)火力發電廠所排放的廢氣　　　　　　(4)種植樹木。

(　) 29.　下列何者不是造成臺灣水資源減少的主要因素？　(2)
　　　　(1)超抽地下水　(2)雨水酸化　(3)水庫淤積　(4)濫用水資源。

(　) 30.　下列何者不是溫室效應所產生的現象？　(4)
　　　　(1)氣溫升高而使海平面上升
　　　　(2)北極熊棲地減少
　　　　(3)造成全球氣候變遷，導致不正常暴雨、乾旱現象
　　　　(4)造成臭氧層產生破洞。

(　) 31.　下列何者是室內空氣污染物之來源：A.使用殺蟲劑；B.使用雷射印表機；C.在室內抽煙；　(4)
　　　　D.戶外的污染物飄進室內？
　　　　(1)ABC　(2)BCD　(3)ACD　(4)ABCD。

(　) 32.　下列何者是海洋受污染的現象？　(1)
　　　　(1)形成紅潮　(2)形成黑潮　(3)溫室效應　(4)臭氧層破洞。

(　) 33.　下列何者是造成臺灣雨水酸鹼(pH)值下降的主要原因？　(2)
　　　　(1)國外火山噴發　(2)工業排放廢氣　(3)森林減少　(4)降雨量減少。

( ) 34. 水中生化需氧量(BOD)愈高，其所代表的意義為　　　　　　　　　　　　　　　(2)
(1)水為硬水　　　　　　　　　　　　(2)有機汙染物多
(3)水質偏酸　　　　　　　　　　　　(4)分解污染物時不需消耗太多氧。

( ) 35. 下列何者是酸雨對環境的影響？　　　　　　　　　　　　　　　　　　　　　(1)
(1)湖泊水質酸化　(2)增加森林生長速度　(3)土壤肥沃　(4)增加水生動物種類。

( ) 36. 下列何者是懸浮微粒與落塵的差異？　　　　　　　　　　　　　　　　　　　(2)
(1)採樣地區　(2)粒徑大小　(3)分布濃度　(4)物體顏色。

( ) 37. 下列何者屬地下水超抽情形？　　　　　　　　　　　　　　　　　　　　　　(1)
(1)地下水抽水量「超越」天然補注量　　(2)天然補注量「超越」地下水抽水量
(3)地下水抽水量「低於」降雨量　　　　(4)地下水抽水量「低於」天然補注量。

( ) 38. 下列何種行為無法減少「溫室氣體」排放？　　　　　　　　　　　　　　　　(3)
(1)騎自行車取代開車　　　　　　　　(2)多搭乘公共運輸系統
(3)多吃肉少蔬菜　　　　　　　　　　(4)使用再生紙張。

( ) 39. 下列哪一項水質濃度降低會導致河川魚類大量死亡？　　　　　　　　　　　　(2)
(1)氨氮　(2)溶氧　(3)二氧化碳　(4)生化需氧量。

( ) 40. 下列何種生活小習慣的改變可減少細懸浮微粒(PM2.5)排放，共同為改善空氣品質盡一　(1)
份心力？
(1)少吃燒烤食物　(2)使用吸塵器　(3)養成運動習慣　(4)每天喝 500cc 的水。

( ) 41. 下列哪種措施不能用來降低空氣污染？　　　　　　　　　　　　　　　　　　(4)
(1)汽機車強制定期排氣檢測　　　　　(2)汰換老舊柴油車
(3)禁止露天燃燒稻草　　　　　　　　(4)汽機車加裝消音器。

( ) 42. 大氣層中臭氧層有何作用？　　　　　　　　　　　　　　　　　　　　　　　(3)
(1)保持溫度　(2)對流最旺盛的區域　(3)吸收紫外線　(4)造成光害。

( ) 43. 小李具有乙級廢水專責人員證照，某工廠希望以高價租用證照的方式合作，請問下列何　(1)
者正確？
(1)這是違法行為　(2)互蒙其利　(3)價錢合理即可　(4)經環保局同意即可。

( ) 44. 可藉由下列何者改善河川水質且兼具提供動植物良好棲地環境？　　　　　　　(2)
(1)運動公園　(2)人工溼地　(3)滯洪池　(4)水庫。

( ) 45. 台北市周先生早晨在河濱公園散步時，發現有大面積的河面被染成紅色，岸邊還有許多　(1)
死魚，此時周先生應該打電話給哪個單位通報處理？
(1)環保局　(2)警察局　(3)衛生局　(4)交通局。

( ) 46. 台灣地區地形陡峭雨旱季分明，水資源開發不易常有缺水現象，目前推動生活污水經處理再生利用，可填補部分水資源，主要可供哪些用途：A.工業用水、B.景觀澆灌、C.人體飲用、D.消防用水？
(1)ACD　(2)BCD　(3)ABD　(4)ABCD。　(3)

( ) 47. 台灣自來水之水源主要取自：
(1)海洋的水　(2)河川及水庫的水　(3)綠洲的水　(4)灌溉渠道的水。　(2)

( ) 48. 民眾焚香燒紙錢常會產生哪些空氣污染物增加罹癌的機率：A.苯、B.細懸浮微粒(PM2.5)、C.二氧化碳(CO_2)、D.甲烷(CH_4)？
(1)AB　(2)AC　(3)BC　(4)CD。　(1)

( ) 49. 生活中經常使用的物品，下列何者含有破壞臭氧層的化學物質？
(1)噴霧劑　(2)免洗筷　(3)保麗龍　(4)寶特瓶。　(1)

( ) 50. 目前市面清潔劑均會強調「無磷」，是因為含磷的清潔劑使用後，若廢水排至河川或湖泊等水域會造成甚麼影響？
(1)綠牡蠣　(2)優養化　(3)秘雕魚　(4)烏腳病。　(2)

( ) 51. 冰箱在廢棄回收時應特別注意哪一項物質，以避免逸散至大氣中造成臭氧層的破壞？
(1)冷媒　(2)甲醛　(3)汞　(4)苯。　(1)

( ) 52. 在五金行買來的強力膠中，主要有下列哪一種會對人體產生危害的化學物質？
(1)甲苯　(2)乙苯　(3)甲醛　(4)乙醛。　(1)

( ) 53. 在同一操作條件下，煤、天然氣、油、核能的二氧化碳排放比例之大小，由大而小為：
(1)油＞煤＞天然氣＞核能　　　　(2)煤＞油＞天然氣＞核能
(3)煤＞天然氣＞油＞核能　　　　(4)油＞煤＞核能＞天然氣。　(2)

( ) 54. 如何降低飲用水中消毒副產物三鹵甲烷？
(1)先將水煮沸，打開壺蓋再煮三分鐘以上
(2)先將水過濾，加氯消毒
(3)先將水煮沸，加氯消毒
(4)先將水過濾，打開壺蓋使其自然蒸發。　(1)

( ) 55. 自行煮水、包裝飲用水及包裝飲料，依生命週期評估的排碳量大小順序為：
(1)包裝飲用水＞自行煮水＞包裝飲料
(2)包裝飲料＞自行煮水＞包裝飲用水
(3)自行煮水＞包裝飲料＞包裝飲用水
(4)包裝飲料＞包裝飲用水＞自行煮水。　(4)

( ) 56. 何項不是噪音的危害所造成的現象？
(1)精神很集中　(2)煩躁、失眠　(3)緊張、焦慮　(4)工作效率低落。　(1)

( ) 57. 我國移動污染源空氣污染防制費的徵收機制為何？
(1)依車輛里程數計費　(2)隨油品銷售徵收　(3)依牌照徵收　(4)依照排氣量徵收。　(2)

（　）58. 室內裝潢時，若不謹慎選擇建材，將會逸散出氣狀污染物。其中會刺激皮膚、眼、鼻和 (2)
呼吸道，也是致癌物質，可能為下列哪一種污染物？
(1)臭氧　(2)甲醛　(3)氟氯碳化合物　(4)二氧化碳。

（　）59. 哪一種氣體造成臭氧層被嚴重的破壞？ (1)
(1)氟氯碳化物　(2)二氧化硫　(3)氮氧化合物　(4)二氧化碳。

（　）60. 高速公路旁常見有農田違法焚燒稻草，除易產生濃煙影響行車安全外，也會產生下列何 (1)
種空氣污染物對人體健康造成不良的作用
(1)懸浮微粒　(2)二氧化碳(CO_2)　(3)臭氧(O_3)　(4)沼氣。

（　）61. 都市中常產生的「熱島效應」會造成何種影響？ (2)
(1)增加降雨　(2)空氣污染物不易擴散　(3)空氣污染物易擴散　(4)溫度降低。

（　）62. 廢塑膠等廢棄於環境除不易腐化外，若隨一般垃圾進入焚化廠處理，可能產生下列哪一 (3)
種空氣污染物對人體有致癌疑慮？
(1)臭氧　(2)一氧化碳　(3)戴奧辛　(4)沼氣。

（　）63. 「垃圾強制分類」的主要目的為：A.減少垃圾清運量　B.回收有用資源　C.回收廚餘予以 (2)
再利用　D.變賣賺錢？
(1)ABCD　(2)ABC　(3)ACD　(4)BCD。

（　）64. 一般人生活產生之廢棄物，何者屬有害廢棄物？ (4)
(1)廚餘　(2)鐵鋁罐　(3)廢玻璃　(4)廢日光燈管。

（　）65. 一般辦公室影印機的碳粉匣，應如何回收？ (2)
(1)拿到便利商店回收　(2)交由販賣商回收　(3)交由清潔隊回收　(4)交給拾荒者回收。

（　）66. 下列何者不是蚊蟲會傳染的疾病 (4)
(1)日本腦炎　(2)瘧疾　(3)登革熱　(4)痢疾。

（　）67. 下列何者非屬資源回收分類項目中「廢紙類」的回收物？ (4)
(1)報紙　(2)雜誌　(3)紙袋　(4)用過的衛生紙。

（　）68. 下列何者對飲用瓶裝水之形容是正確的：A.飲用後之寶特瓶容器為地球增加了一個廢棄 (1)
物；B.運送瓶裝水時卡車會排放空氣污染物；C.瓶裝水一定比經煮沸之自來水安全衛
生？
(1)AB　(2)BC　(3)AC　(4)ABC。

（　）69. 下列哪一項是我們在家中常見的環境衛生用藥？ (2)
(1)體香劑　(2)殺蟲劑　(3)洗滌劑　(4)乾燥劑。

（　）70. 下列哪一種是公告應回收廢棄物中的容器類：A.廢鋁箔包　B.廢紙容器　C.寶特瓶？ (1)
(1)ABC　(2)AC　(3)BC　(4)C。

（　）71. 下列何種廢紙類不可以進行資源回收？ (1)
(1)紙尿褲　(2)包裝紙　(3)雜誌　(4)報紙。

(　) 72. 小明拿到「垃圾強制分類」的宣導海報，標語寫著「分 3 類，好 OK」，標語中的分 3 　(4)
類是指家戶日常生活中產生的垃圾可以區分哪三類？
(1)資源、廚餘、事業廢棄物
(2)資源、一般廢棄物、事業廢棄物
(3)一般廢棄物、事業廢棄物、放射性廢棄物
(4)資源、廚餘、一般垃圾。

(　) 73. 日光燈管、水銀溫度計等，因含有哪一種重金屬，可能對清潔隊員造成傷害，應與一般 　(3)
垃圾分開處理？
(1)鉛　(2)鎘　(3)汞　(4)鐵。

(　) 74. 家裡有過期的藥品，請問這些藥品要如何處理？ 　(2)
(1)倒入馬桶沖掉　(2)交由藥局回收　(3)繼續服用　(4)送給相同疾病的朋友。

(　) 75. 台灣西部海岸曾發生的綠牡蠣事件是下列何種物質污染水體有關？ 　(2)
(1)汞　(2)銅　(3)磷　(4)鎘。

(　) 76. 在生物鏈越上端的物種其體內累積持久性有機污染物(POPs)濃度將越高，危害性也將越 　(4)
大，這是說明 POPs 具有下列何種特性？
(1)持久性　(2)半揮發性　(3)高毒性　(4)生物累積性。

(　) 77. 有關小黑蚊敘述下列何者為非？ 　(3)
(1)活動時間又以中午十二點到下午三點為活動高峰期
(2)小黑蚊的幼蟲以腐植質、青苔和藻類為食
(3)無論雄蚊或雌蚊皆會吸食哺乳類動物血液
(4)多存在竹林、灌木叢、雜草叢、果園等邊緣地帶等處。

(　) 78. 利用垃圾焚化廠處理垃圾的最主要優點為何？ 　(1)
(1)減少處理後的垃圾體積　　　　　　　　(2)去除垃圾中所有毒物
(3)減少空氣污染　　　　　　　　　　　　(4)減少處理垃圾的程序。

(　) 79. 利用豬隻的排泄物當燃料發電，是屬於哪一種能源？ 　(3)
(1)地熱能　(2)太陽能　(3)生質能　(4)核能。

(　) 80. 每個人日常生活皆會產生垃圾，下列何種處理垃圾的觀念與方式是不正確的？ 　(2)
(1)垃圾分類，使資源回收再利用
(2)所有垃圾皆掩埋處理，垃圾將會自然分解
(3)廚餘回收堆肥後製成肥料
(4)可燃性垃圾經焚化燃燒可有效減少垃圾體積。

(　) 81. 防治蟲害最好的方法是 　(2)
(1)使用殺蟲劑　(2)清除孳生源　(3)網子捕捉　(4)拍打。

(　) 82. 依廢棄物清理法之規定，隨地吐檳榔汁、檳榔渣者，應接受幾小時之戒檳班講習？ 　(2)
(1)2 小時　(2)4 小時　(3)6 小時　(4)8 小時。

( ) 83. 室內裝修業者承攬裝修工程,工程中所產生的廢棄物應該如何處理? (1)
(1)委託合法清除機構清運　　　　(2)倒在偏遠山坡地
(3)河岸邊掩埋　　　　(4)交給清潔隊垃圾車。

( ) 84. 若使用後的廢電池未經回收,直接廢棄所含重金屬物質曝露於環境中可能產生那些影 (1)
響:A.地下水污染、B.對人體產生中毒等不良作用、C.對生物產生重金屬累積及濃縮作
用、D.造成優養化?
(1)ABC　(2)ABCD　(3)ACD　(4)BCD。

( ) 85. 那一種家庭廢棄物可用來作為製造肥皂的主要原料? (3)
(1)食醋　(2)果皮　(3)回鍋油　(4)熟廚餘。

( ) 86. 家戶大型垃圾應由誰負責處理 (2)
(1)行政院環境保護署　(2)當地政府清潔隊　(3)行政院　(4)內政部。

( ) 87. 根據環保署資料顯示,世紀之毒「戴奧辛」主要透過何者方式進入人體? (3)
(1)透過觸摸　(2)透過呼吸　(3)透過飲食　(4)透過雨水。

( ) 88. 陳先生到機車行換機油時,發現機車行老闆將廢機油直接倒入路旁的排水溝,請問這樣 (2)
的行為是違反了
(1)道路交通管理處罰條例　(2)廢棄物清理法　(3)職業安全衛生法　(4)水污染防治法。

( ) 89. 亂丟香菸蒂,此行為已違反什麼規定? (1)
(1)廢棄物清理法　(2)民法　(3)刑法　(4)毒性化學物質管理法。

( ) 90. 實施「垃圾費隨袋徵收」政策的好處為何:A.減少家戶垃圾費用支出 B.全民主動參與資 (4)
源回收 C.有效垃圾減量?
(1)AB　(2)AC　(3)BC　(4)ABC。

( ) 91. 臺灣地狹人稠,垃圾處理一直是不易解決的問題,下列何種是較佳的因應對策? (1)
(1)垃圾分類資源回收　(2)蓋焚化廠　(3)運至國外處理　(4)向海爭地掩埋。

( ) 92. 臺灣嘉南沿海一帶發生的烏腳病可能為哪一種重金屬引起? (2)
(1)汞　(2)砷　(3)鉛　(4)鎘。

( ) 93. 遛狗不清理狗的排泄物係違反哪一法規? (2)
(1)水污染防治法　(2)廢棄物清理法　(3)毒性化學物質管理法　(4)空氣污染防制法。

( ) 94. 酸雨對土壤可能造成的影響,下列何者正確? (3)
(1)土壤更肥沃　(2)土壤液化　(3)土壤中的重金屬釋出　(4)土壤礦化。

( ) 95. 購買下列哪一種商品對環境比較友善? (3)
(1)用過即丟的商品　(2)一次性的產品　(3)材質可以回收的商品　(4)過度包裝的商品。

( ) 96. 醫療院所用過的棉球、紗布、針筒、針頭等感染性事業廢棄物屬於 (4)
(1)一般事業廢棄物　(2)資源回收物　(3)一般廢棄物　(4)有害事業廢棄物。

(　　) 97. 下列何項法規的立法目的爲預防及減輕開發行爲對環境造成不良影響，藉以達成環境保護之目的？　(2)
(1)公害糾紛處理法　(2)環境影響評估法　(3)環境基本法　(4)環境教育法。

(　　) 98. 下列何種開發行爲若對環境有不良影響之虞者，應實施環境影響評估：A.開發科學園區；B.新建捷運工程；C.採礦。　(4)
(1)AB　(2)BC　(3)AC　(4)ABC。

(　　) 99. 主管機關審查環境影響說明書或評估書，如認爲已足以判斷未對環境有重大影響之虞，作成之審查結論可能爲下列何者？　(1)
(1)通過環境影響評估審查　　　　　　(2)應繼續進行第二階段環境影響評估
(3)認定不應開發　　　　　　　　　　(4)補充修正資料再審。

(　　) 100. 依環境影響評估法規定，對環境有重大影響之虞的開發行爲應繼續進行第二階段環境影響評估，下列何者不是上述對環境有重大影響之虞或應進行第二階段環境影響評估的決定方式？　(4)
(1)明訂開發行爲及規模　　　　　　　(2)環評委員會審查認定
(3)自願進行　　　　　　　　　　　　(4)有民眾或團體抗爭。

工作項目④ 節能減碳

單選題

(　)1. 依能源局「指定能源用戶應遵行之節約能源規定」，下列何場所未在其管制之範圍？ (3)
(1)旅館　(2)餐廳　(3)住家　(4)美容美髮店。

(　)2. 依能源局「指定能源用戶應遵行之節約能源規定」，在正常使用條件下，公眾出入之場 (1)
所其室內冷氣溫度平均值不得低於攝氏幾度？
(1)26　(2)25　(3)24　(4)22。

(　)3. 下列何者為節能標章？ (2)

(1)　　　　(2)　　　　(3)　　　　(4)　　　。

(　)4. 各產業中耗能佔比最大的產業為 (4)
(1)服務業　(2)公用事業　(3)農林漁牧業　(4)能源密集產業。

(　)5. 下列何者非節省能源的做法？ (1)
(1)電冰箱溫度長時間調在強冷或急冷
(2)影印機當 15 分鐘無人使用時，自動進入省電模式
(3)電視機勿背著窗戶或面對窗戶，並避免太陽直射
(4)汽車不行駛短程，較短程旅運應儘量搭乘公車、騎單車或步行。

(　)6. 經濟部能源局的能源效率標示分為幾個等級？ (3)
(1)1　(2)3　(3)5　(4)7。

(　)7. 溫室氣體排放量：指自排放源排出之各種溫室氣體量乘以各該物質溫暖化潛勢所得之合 (2)
計量，以
(1)氧化亞氮(N_2O)　(2)二氧化碳(CO_2)　(3)甲烷(CH_4)　(4)六氟化硫(SF_6)　當量表示。

(　)8. 國家溫室氣體長期減量目標為中華民國 139 年溫室氣體排放量降為中華民國 94 年溫室 (4)
氣體排放量百分之多少以下？
(1)20　(2)30　(3)40　(4)50。

(　)9. 溫室氣體減量及管理法所稱主管機關，在中央為下列何單位？ (2)
(1)經濟部能源局　(2)環境保護署　(3)國家發展委員會　(4)衛生福利部。

(　)10. 溫室氣體減量及管理法中所稱：一單位之排放額度相當於允許排放 (3)
(1)1 公斤　(2)1 立方米　(3)1 公噸　(4)1 公擔　之二氧化碳當量。

(　)11. 下列何者不是全球暖化帶來的影響？ (3)
(1)洪水　(2)熱浪　(3)地震　(4)旱災。

(　) 12. 下列何種方法無法減少二氧化碳？ (1)

(1)想吃多少儘量點，剩下可當廚餘回收　　(2)選購當地、當季食材，減少運輸碳足跡

(3)多吃蔬菜，少吃肉　　(4)自備杯筷，減少免洗用具垃圾量。

(　) 13. 下列何者不會減少溫室氣體的排放？ (3)

(1)減少使用煤、石油等化石燃料　　(2)大量植樹造林，禁止亂砍亂伐

(3)增高燃煤氣體排放的煙囪　　(4)開發太陽能、水能等新能源。

(　) 14. 關於綠色採購的敘述，下列何者錯誤？ (4)

(1)採購回收材料製造之物品

(2)採購的產品對環境及人類健康有最小的傷害性

(3)選購產品對環境傷害較少、污染程度較低者

(4)以精美包裝為主要首選。

(　) 15. 一旦大氣中的二氧化碳含量增加，會引起哪一種後果？ (1)

(1)溫室效應惡化　(2)臭氧層破洞　(3)冰期來臨　(4)海平面下降。

(　) 16. 關於建築中常用的金屬玻璃帷幕牆，下列何者敘述正確？ (3)

(1)玻璃帷幕牆的使用能節省室內空調使用

(2)玻璃帷幕牆適用於臺灣，讓夏天的室內產生溫暖的感覺

(3)在溫度高的國家，建築使用金屬玻璃帷幕會造成日照輻射熱，產生室內「溫室效應」

(4)臺灣的氣候溼熱，特別適合在大樓以金屬玻璃帷幕作為建材。

(　) 17. 下列何者不是能源之類型？ (4)

(1)電力　(2)壓縮空氣　(3)蒸汽　(4)熱傳。

(　) 18. 我國已制定能源管理系統標準為 (1)

(1)CNS 50001　(2)CNS 12681　(3)CNS 14001　(4)CNS 22000。

(　) 19. 台灣電力公司所謂的離峰用電時段為何？ (1)

(1)22：30~07：30　(2)22：00~07：00　(3)23：00~08：00　(4)23：30~08：30。

(　) 20. 基於節能減碳的目標，下列何種光源發光效率最低，不鼓勵使用？ (1)

(1)白熾燈泡　(2)LED 燈泡　(3)省電燈泡　(4)螢光燈管。

(　) 21. 下列哪一項的能源效率標示級數較省電？ (1)

(1)1　(2)2　(3)3　(4)4。

(　) 22. 下列何者不是目前台灣主要的發電方式？ (4)

(1)燃煤　(2)燃氣　(3)核能　(4)地熱。

(　) 23. 有關延長線及電線的使用，下列敘述何者錯誤？ (2)

(1)拔下延長線插頭時，應手握插頭取下

(2)使用中之延長線如有異味產生，屬正常現象不須理會

(3)應避開火源，以免外覆塑膠熔解，致使用時造成短路

(4)使用老舊之延長線，容易造成短路、漏電或觸電等危險情形，應立即更換。

(　)24. 有關觸電的處理方式，下列敘述何者錯誤？　　　　　　　　　　　　　　　(1)
　　　　(1)立即將觸電者拉離現場　　　　　　　(2)把電源開關關閉
　　　　(3)通知救護人員　　　　　　　　　　　(4)使用絕緣的裝備來移除電源。

(　)25. 目前電費單中，係以「度」為收費依據，請問下列何者為其單位？　　　　　(2)
　　　　(1)kW　　(2)kWh　　(3)kJ　　(4)kJh。

(　)26. 依據台灣電力公司三段式時間電價(尖峰、半尖峰及離峰時段)的規定，請問哪個時段電　(4)
　　　　價最便宜？
　　　　(1)尖峰時段　　(2)夏月半尖峰時段　　(3)非夏月半尖峰時段　　(4)離峰時段。

(　)27. 當電力設備遭遇電源不足或輸配電設備受限制時，導致用戶暫停或減少用電的情形，常　(2)
　　　　以下列何者名稱出現？
　　　　(1)停電　　(2)限電　　(3)斷電　　(4)配電。

(　)28. 照明控制可以達到節能與省電費的好處，下列何種方法最適合一般住宅社區兼顧節能、　(2)
　　　　經濟性與實際照明需求？
　　　　(1)加裝 DALI 全自動控制系統
　　　　(2)走廊與地下停車場選用紅外線感應控制電燈
　　　　(3)全面調低照度需求
　　　　(4)晚上關閉所有公共區域的照明。

(　)29. 上班性質的商辦大樓為了降低尖峰時段用電，下列何者是錯的？　　　　　　(2)
　　　　(1)使用儲冰式空調系統減少白天空調電能需求
　　　　(2)白天有陽光照明，所以白天可以將照明設備全關掉
　　　　(3)汰換老舊電梯馬達並使用變頻控制
　　　　(4)電梯設定隔層停止控制，減少頻繁啟動。

(　)30. 為了節能與降低電費的需求，家電產品的正確選用應該如何？　　　　　　　(2)
　　　　(1)選用高功率的產品效率較高
　　　　(2)優先選用取得節能標章的產品
　　　　(3)設備沒有壞，還是堪用，繼續用，不會增加支出
　　　　(4)選用能效分級數字較高的產品，效率較高，5 級的比 1 級的電器產品更省電。

(　)31. 有效而正確的節能從選購產品開始，就一般而言，下列的因素中，何者是選購電氣設備　(3)
　　　　的最優先考量項目？
　　　　(1)用電量消耗電功率是多少瓦攸關電費支出，用電量小的優先
　　　　(2)採購價格比較，便宜優先
　　　　(3)安全第一，一定要通過安規檢驗合格
　　　　(4)名人或演藝明星推薦，應該口碑較好。

(　)32. 高效率燈具如果要降低眩光的不舒服，下列何者與降低刺眼眩光影響無關？　(3)
　　　　(1)光源下方加裝擴散板或擴散膜　　(2)燈具的遮光板　　(3)光源的色溫　　(4)採用間接照明。

(　) 33. 一般而言，螢光燈的發光效率與長度有關嗎？　　　　　　　　　　　　　　(1)
　　　　(1)有關，越長的螢光燈管，發光效率越高
　　　　(2)無關，發光效率只與燈管直徑有關
　　　　(3)有關，越長的螢光燈管，發光效率越低
　　　　(4)無關，發光效率只與色溫有關。

(　) 34. 用電熱爐煮火鍋，採用中溫 50%加熱，比用高溫 100%加熱，將同一鍋水煮開，下列何　(4)
　　　　者是對的？
　　　　(1)中溫 50%加熱比較省電　　　　　　　　(2)高溫 100%加熱比較省電
　　　　(3)中溫 50%加熱，電流反而比較大　　　　(4)兩種方式用電量是一樣的。

(　) 35. 電力公司為降低尖峰負載時段超載停電風險，將尖峰時段電價費率(每度電單價)提高，　(2)
　　　　離峰時段的費率降低，引導用戶轉移部分負載至離峰時段，這種電能管理策略稱為
　　　　(1)需量競價　(2)時間電價　(3)可停電力　(4)表燈用戶彈性電價。

(　) 36. 集合式住宅的地下停車場需要維持通風良好的空氣品質，又要兼顧節能效益，下列的排　(2)
　　　　風扇控制方式何者是不恰當的？
　　　　(1)淘汰老舊排風扇，改裝取得節能標章、適當容量高效率風扇
　　　　(2)兩天一次運轉通風扇就好了
　　　　(3)結合一氧化碳偵測器，自動啟動/停止控制
　　　　(4)設定每天早晚二次定期啟動排風扇。

(　) 37. 大樓電梯為了節能及生活便利需求，可設定部分控制功能，下列何者是錯誤或不正確的　(2)
　　　　做法？
　　　　(1)加感應開關，無人時自動關燈與通風扇
　　　　(2)縮短每次開門/關門的時間
　　　　(3)電梯設定隔樓層停靠，減少頻繁啟動
　　　　(4)電梯馬達加裝變頻控制。

(　) 38. 為了節能及兼顧冰箱的保溫效果，下列何者是錯誤或不正確的做法？　　　　　　　(4)
　　　　(1)冰箱內上下層間不要塞滿，以利冷藏對流
　　　　(2)食物存放位置紀錄清楚，一次拿齊食物，減少開門次數
　　　　(3)冰箱門的密封壓條如果鬆弛，無法緊密關門，應儘速更新修復
　　　　(4)冰箱內食物擺滿塞滿，效益最高。

(　) 39. 就加熱及節能觀點來評比，電鍋剩飯持續保溫至隔天再食用，與先放冰箱冷藏，隔天用　(2)
　　　　微波爐加熱，下列何者是對的？
　　　　(1)持續保溫較省電
　　　　(2)微波爐再加熱比較省電又方便
　　　　(3)兩者一樣
　　　　(4)優先選電鍋保溫方式，因為馬上就可以吃。

(　　) 40. 不斷電系統 UPS 與緊急發電機的裝置都是應付臨時性供電狀況；停電時，下列的陳述 (2)

何者是對的？

(1)緊急發電機會先啓動，不斷電系統 UPS 是後備的

(2)不斷電系統 UPS 先啓動，緊急發電機是後備的

(3)兩者同時啓動

(4)不斷電系統 UPS 可以撐比較久。

(　　) 41. 下列何者爲非再生能源？ (2)

(1)地熱能　(2)核能　(3)太陽能　(4)水力能。

(　　) 42. 欲降低由玻璃部分侵入之熱負載，下列的改善方法何者錯誤？ (1)

(1)加裝深色窗簾　(2)裝設百葉窗　(3)換裝雙層玻璃　(4)貼隔熱反射膠片。

(　　) 43. 一般桶裝瓦斯(液化石油氣)主要成分爲 (1)

(1)丙烷　(2)甲烷　(3)辛烷　(4)乙炔　及丁烷。

(　　) 44. 在正常操作，且提供相同使用條件之情形下，下列何種暖氣設備之能源效率最高？ (1)

(1)冷暖氣機　(2)電熱風扇　(3)電熱輻射機　(4)電暖爐。

(　　) 45. 下列何種熱水器所需能源費用最少？ (4)

(1)電熱水器　(2)天然瓦斯熱水器　(3)柴油鍋爐熱水器　(4)熱泵熱水器。

(　　) 46. 某公司希望能進行節能減碳，爲地球盡點心力，以下何種作爲並不恰當？ (4)

(1)將採購規定列入以下文字：「汰換設備時首先考慮能源效率 1 級或具有節能標章之

產品」

(2)盤查所有能源使用設備

(3)實行能源管理

(4)爲考慮經營成本，汰換設備時採買最便宜的機種。

(　　) 47. 冷氣外洩會造成能源之消耗，下列何者最耗能？ (2)

(1)全開式有氣簾　(2)全開式無氣簾　(3)自動門有氣簾　(4)自動門無氣簾。

(　　) 48. 下列何者不是潔淨能源？ (4)

(1)風能　(2)地熱　(3)太陽能　(4)頁岩氣。

(　　) 49. 有關再生能源的使用限制，下列何者敘述有誤？ (2)

(1)風力、太陽能屬間歇性能源，供應不穩定

(2)不易受天氣影響

(3)需較大的土地面積

(4)設置成本較高。

(　　) 50. 全球暖化潛勢(Global Warming Potential, GWP)是衡量溫室氣體對全球暖化的影響，下列 (4)

何者 GWP 表現較差？

(1)200　(2)300　(3)400　(4)500。

(　) 51. 有關台灣能源發展所面臨的挑戰，下列何者爲非？　(3)
(1)進口能源依存度高，能源安全易受國際影響
(2)化石能源所占比例高，溫室氣體減量壓力大
(3)自產能源充足，不需仰賴進口
(4)能源密集度較先進國家仍有改善空間。

(　) 52. 若發生瓦斯外洩之情形，下列處理方法何者錯誤？　(3)
(1)應先關閉瓦斯爐或熱水器等開關
(2)緩慢地打開門窗，讓瓦斯自然飄散
(3)開啓電風扇，加強空氣流動
(4)在漏氣止住前，應保持警戒，嚴禁煙火。

(　) 53. 全球暖化潛勢(Global Warming Potential, GWP)是衡量溫室氣體對全球暖化的影響，其中　(1)
是以何者爲比較基準？
(1)CO_2　(2)CH_4　(3)SF_6　(4)N_2O。

(　) 54. 有關建築之外殼節能設計，下列敘述何者錯誤？　(4)
(1)開窗區域設置遮陽設備
(2)大開窗面避免設置於東西日曬方位
(3)做好屋頂隔熱設施
(4)宜採用全面玻璃造型設計，以利自然採光。

(　) 55. 下列何者燈泡發光效率最高？　(1)
(1)LED 燈泡　(2)省電燈泡　(3)白熾燈泡　(4)鹵素燈泡。

(　) 56. 有關吹風機使用注意事項，下列敘述何者有誤？　(4)
(1)請勿在潮濕的地方使用，以免觸電危險
(2)應保持吹風機進、出風口之空氣流通，以免造成過熱
(3)應避免長時間使用，使用時應保持適當的距離
(4)可用來作爲烘乾棉被及床單等用途。

(　) 57. 下列何者是造成聖嬰現象發生的主要原因？　(2)
(1)臭氧層破洞　(2)溫室效應　(3)霧霾　(4)颱風。

(　) 58. 爲了避免漏電而危害生命安全，下列何者不是正確的做法？　(4)
(1)做好用電設備金屬外殼的接地
(2)有濕氣的用電場合，線路加裝漏電斷路器
(3)加強定期的漏電檢查及維護
(4)使用保險絲來防止漏電的危險性。

( ) 59. 用電設備的線路保護用電力熔絲(保險絲)經常燒斷,造成停電的不便,下列何者不是正　(1)
確的作法?
(1)換大一級或大兩級規格的保險絲或斷路器就不會燒斷了
(2)減少線路連接的電氣設備,降低用電量
(3)重新設計線路,改較粗的導線或用兩迴路並聯
(4)提高用電設備的功率因數。

( ) 60. 政府為推廣節能設備而補助民眾汰換老舊設備,下列何者的節電效益最佳?　(2)
(1)將桌上檯燈光源由螢光燈換為 LED 燈
(2)優先淘汰 10 年以上的老舊冷氣機為能源效率標示分級中之一級冷氣機
(3)汰換電風扇,改裝設能源效率標示分級為一級的冷氣機
(4)因為經費有限,選擇便宜的產品比較重要。

( ) 61. 依據我國現行國家標準規定,冷氣機的冷氣能力標示應以何種單位表示?　(1)
(1)kW　(2)BTU/h　(3)kcal/h　(4)RT。

( ) 62. 漏電影響節電成效,並且影響用電安全,簡易的查修方法為　(1)
(1)電氣材料行買支驗電起子,碰觸電氣設備的外殼,就可查出漏電與否
(2)用手碰觸就可以知道有無漏電
(3)用三用電表檢查
(4)看電費單有無紀錄。

( ) 63. 使用了 10 幾年的通風換氣扇老舊又骯髒,噪音又大,維修時採取下列哪一種對策最為　(2)
正確及節能?
(1)定期拆下來清洗油垢
(2)不必再猶豫,10 年以上的電扇效率偏低,直接換為高效率通風扇
(3)直接噴沙拉脫清潔劑就可以了,省錢又方便
(4)高效率通風扇較貴,換同機型的廠內備用品就好了。

( ) 64. 電氣設備維修時,在關掉電源後,最好停留 1 至 5 分鐘才開始檢修,其主要的理由為下　(3)
列何者?
(1)先平靜心情,做好準備才動手
(2)讓機器設備降溫下來再查修
(3)讓裡面的電容器有時間放電完畢,才安全
(4)法規沒有規定,這完全沒有必要。

( ) 65. 電氣設備裝設於有潮濕水氣的環境時,最應該優先檢查及確認的措施是?　(1)
(1)有無在線路上裝設漏電斷路器　　　　　(2)電氣設備上有無安全保險絲
(3)有無過載及過熱保護設備　　　　　　　(4)有無可能傾倒及生鏽。

( ) 66. 為保持中央空調主機效率,每　(1)
(1)半　(2)1　(3)1.5　(4)2　年應請維護廠商或保養人員檢視中央空調主機。

(　) 67. 家庭用電最大宗來自於　(1)
(1)空調及照明　(2)電腦　(3)電視　(4)吹風機。

(　) 68. 爲減少日照所增加空調負載，下列何種處理方式是錯誤的？　(2)
(1)窗戶裝設窗簾或貼隔熱紙
(2)將窗戶或門開啓，讓屋內外空氣自然對流
(3)屋頂加裝隔熱材、高反射率塗料或噴水
(4)於屋頂進行薄層綠化。

(　) 69. 電冰箱放置處，四周應至少預留離牆多少公分之散熱空間，以達省電效果？　(2)
(1)5　(2)10　(3)15　(4)20。

(　) 70. 下列何項不是照明節能改善需優先考量之因素？　(2)
(1)照明方式是否適當　　　　　　　　(2)燈具之外型是否美觀
(3)照明之品質是否適當　　　　　　　(4)照度是否適當。

(　) 71. 醫院、飯店或宿舍之熱水系統耗能大，要設置熱水系統時，應優先選用何種熱水系統較　(2)
節能？
(1)電能熱水系統　(2)熱泵熱水系統　(3)瓦斯熱水系統　(4)重油熱水系統。

(　) 72. 如下圖，你知道這是什麼標章嗎？　(4)

(1)省水標章　(2)環保標章　(3)奈米標章　(4)能源效率標示。

(　) 73. 台灣電力公司電價表所指的夏月用電月份(電價比其他月份高)是爲　(3)
(1) 4 / 1 ～ 7 / 31　(2) 5 / 1 ～ 8 / 31　(3) 6 / 1 ～ 9 / 30　(4) 7 / 1 ～ 10 / 31。

(　) 74. 屋頂隔熱可有效降低空調用電，下列何項措施較不適當？　(1)
(1)屋頂儲水隔熱
(2)屋頂綠化
(3)於適當位置設置太陽能板發電同時加以隔熱
(4)鋪設隔熱磚。

(　) 75. 電腦機房使用時間長、耗電量大，下列何項措施對電腦機房之用電管理較不適當？　(1)
(1)機房設定較低之溫度　　　　　　　(2)設置冷熱通道
(3)使用較高效率之空調設備　　　　　(4)使用新型高效能電腦設備。

(　　) 76. 下列有關省水標章的敘述何者正確？ (3)
(1)省水標章是環保署爲推動使用節水器材，特別研定以作爲消費者辨識省水產品的一種標誌
(2)獲得省水標章的產品並無嚴格測試，所以對消費者並無一定的保障
(3)省水標章能激勵廠商重視省水產品的研發與製造，進而達到推廣節水良性循環之目的
(4)省水標章除有用水設備外，亦可使用於冷氣或冰箱上。

(　　) 77. 透過淋浴習慣的改變就可以節約用水，以下的何種方式正確？ (2)
(1)淋浴時抹肥皀，無需將蓮蓬頭暫時關上
(2)等待熱水前流出的冷水可以用水桶接起來再利用
(3)淋浴流下的水不可以刷洗浴室地板
(4)淋浴沖澡流下的水，可以儲蓄洗菜使用。

(　　) 78. 家人洗澡時，一個接一個連續洗，也是一種有效的省水方式嗎？ (1)
(1)是，因爲可以節省等熱水流出所流失的冷水
(2)否，這跟省水沒什麼關係，不用這麼麻煩
(3)否，因爲等熱水時流出的水量不多
(4)有可能省水也可能不省水，無法定論。

(　　) 79. 下列何種方式有助於節省洗衣機的用水量？ (2)
(1)洗衣機洗滌的衣物盡量裝滿，一次洗完
(2)購買洗衣機時選購有省水標章的洗衣機，可有效節約用水
(3)無需將衣物適當分類
(4)洗濯衣物時盡量選擇高水位才洗的乾淨。

(　　) 80. 如果水龍頭流量過大，下列何種處理方式是錯誤的？ (3)
(1)加裝節水墊片或起波器
(2)加裝可自動關閉水龍頭的自動感應器
(3)直接換裝沒有省水標章的水龍頭
(4)直接調整水龍頭到適當水量。

(　　) 81. 洗菜水、洗碗水、洗衣水、洗澡水等等的清洗水，不可直接利用來做什麼用途？ (4)
(1)洗地板　(2)沖馬桶　(3)澆花　(4)飲用水。

(　　) 82. 如果馬桶有不正常的漏水問題，下列何者處理方式是錯誤的？ (1)
(1)因爲馬桶還能正常使用，所以不用著急，等到不能用時再報修即可
(2)立刻檢查馬桶水箱零件有無鬆脫，並確認有無漏水
(3)滴幾滴食用色素到水箱裡，檢查有無有色水流進馬桶，代表可能有漏水
(4)通知水電行或檢修人員來檢修，徹底根絕漏水問題。

(　　) 83. 「度」是水費的計量單位，你知道一度水的容量大約有多少？ (3)
(1)2,000公升　(2)3000個600cc的寶特瓶　(3)1立方公尺的水量　(4)3立方公尺的水量。

(　) 84. 臺灣在一年中什麼時期會比較缺水(即枯水期)？ 　(3)
(1)6 月至 9 月　(2)9 月至 12 月　(3)11 月至次年 4 月　(4)臺灣全年不缺水。

(　) 85. 下列何種現象不是直接造成台灣缺水的原因？ 　(4)
(1)降雨季節分佈不平均，有時候連續好幾個月不下雨，有時又會下起豪大雨
(2)地形山高坡陡，所以雨一下很快就會流入大海
(3)因為民生與工商業用水需求量都愈來愈大，所以缺水季節很容易無水可用
(4)台灣地區夏天過熱，致蒸發量過大。

(　) 86. 冷凍食品該如何讓它退冰，才是既「節能」又「省水」？ 　(3)
(1)直接用水沖食物強迫退冰　　　　　(2)使用微波爐解凍快速又方便
(3)烹煮前盡早拿出來放置退冰　　　　(4)用熱水浸泡，每 5 分鐘更換一次。

(　) 87. 洗碗、洗菜用何種方式可以達到清洗又省水的效果？ 　(2)
(1)對著水龍頭直接沖洗，且要盡量將水龍頭開大才能確保洗的乾淨
(2)將適量的水放在盆槽內洗濯，以減少用水
(3)把碗盤、菜等浸在水盆裡，再開水龍頭拼命沖水
(4)用熱水及冷水大量交叉沖洗達到最佳清洗效果。

(　) 88. 解決台灣水荒(缺水)問題的無效對策是 　(4)
(1)興建水庫、蓄洪(豐)濟枯　　　　　(2)全面節約用水
(3)水資源重複利用，海水淡化…等　　(4)積極推動全民體育運動。

(　) 89. 如下圖，你知道這是什麼標章嗎？ 　(3)

(1)奈米標章　(2)環保標章　(3)省水標章　(4)節能標章。

(　) 90. 澆花的時間何時較為適當，水分不易蒸發又對植物最好？ 　(3)
(1)正中午　(2)下午時段　(3)清晨或傍晚　(4)半夜十二點。

(　) 91. 下列何種方式沒有辦法降低洗衣機之使用水量，所以不建議採用？ 　(3)
(1)使用低水位清洗
(2)選擇快洗行程
(3)兩、三件衣服也丟洗衣機洗
(4)選擇有自動調節水量的洗衣機，洗衣清洗前先脫水 1 次。

(　) 92. 下列何種省水馬桶的使用觀念與方式是錯誤的？ 　(3)
(1)選用衛浴設備時最好能採用省水標章馬桶
(2)如果家裡的馬桶是傳統舊式，可以加裝二段式沖水配件
(3)省水馬桶因為水量較小，會有沖不乾淨的問題，所以應該多沖幾次
(4)因為馬桶是家裡用水的大宗，所以應該盡量採用省水馬桶來節約用水。

(　)93. 下列何種洗車方式無法節約用水？　(3)
(1)使用有開關的水管可以隨時控制出水
(2)用水桶及海綿抹布擦洗
(3)用水管強力沖洗
(4)利用機械自動洗車，洗車水處理循環使用。

(　)94. 下列何種現象無法看出家裡有漏水的問題？　(1)
(1)水龍頭打開使用時，水表的指針持續在轉動
(2)牆面、地面或天花板忽然出現潮濕的現象
(3)馬桶裡的水常在晃動，或是沒辦法止水
(4)水費有大幅度增加。

(　)95. 蓮蓬頭出水量過大時，下列何者無法達到省水？　(2)
(1)換裝有省水標章的低流量(5~10L/min)蓮蓬頭
(2)淋浴時水量開大，無需改變使用方法
(3)洗澡時間盡量縮短，塗抹肥皂時要把蓮蓬頭關起來
(4)調整熱水器水量到適中位置。

(　)96. 自來水淨水步驟，何者為非？　(4)
(1)混凝　(2)沉澱　(3)過濾　(4)煮沸。

(　)97. 為了取得良好的水資源，通常在河川的哪一段興建水庫？　(1)
(1)上游　(2)中游　(3)下游　(4)下游出口。

(　)98. 台灣是屬缺水地區，每人每年實際分配到可利用水量是世界平均值的多少？　(1)
(1)六分之一　(2)二分之一　(3)四分之一　(4)五分之一。

(　)99. 台灣年降雨量是世界平均值的 2.6 倍，卻仍屬缺水地區，原因何者為非？　(3)
(1)台灣由於山坡陡峻，以及颱風豪雨雨勢急促，大部分的降雨量皆迅速流入海洋
(2)降雨量在地域、季節分佈極不平均
(3)水庫蓋得太少
(4)台灣自來水水價過於便宜。

(　)100. 電源插座堆積灰塵可能引起電氣意外火災，維護保養時的正確做法是？　(3)
(1)可以先用刷子刷去積塵
(2)直接用吹風機吹開灰塵就可以了
(3)應先關閉電源總開關箱內控制該插座的分路開關
(4)可以用金屬接點清潔劑噴在插座中去除銹蝕。

專業學科

題庫解析

> 工作項目 1　器具使用與保養
>   (含常用量具)
> 工作項目 2　汽油引擎
>   (含柴油引擎)
> 工作項目 3　汽車底盤
> 工作項目 4　汽車電系(含空調)
> 工作項目 6　專業英文及手冊查
>   閱

工作項目 ❶　器具使用與保養(含常用量具)

單選題

(②) 1.　下列壓力單位，何者的值最小？　①1 bar　②1 kPa　③1 kg/cm² ④1psi。

解　因為 1 bar = 100kPa，1 kg/cm² = 98.0665 kPa，1 psi = 6.895 kPa，所以 kPa 的值最小。

(④) 2.　度量HC之單位為PPM代表　①千分之一　②萬分之一　③十萬分之一　④百萬分之一。

解　在量測廢汽時，CO 的單位是%(百分比)，HC 的單位是 PPM，PPM 是英文 Parts Per Million，即百萬分之一。

(①) 3.　國際標準制單位系統中扭力單位為N-m，則1 N-m 約等於　①0.1　②1　③10　④100　kg-m。

解　扭力的單位，英制是 N-m(牛頓-米)或 ft-lb(呎-磅)，公制的單位是 kg-m(公斤-米)或 kg-cm(公斤-公分)。
單位換算 1 kg = 9.8N≒10N，所以 1 N = 0.1kg，因此 1 N-m = 0.1 kg-m

(①) 4.　一英制馬力(hp)相當於多少公制馬力(PS)？　①1.0144　②10.144　③7.355　④0.252。

(②) 5.　一輛客車其引擎最大扭力為 180 ft-1b，其公制單位表示應為
①1306.8 kg-m　②24.876 kg-m　③12 kg-m　④100 kg-m。

解　英制與公制的換算：1 kg = 2.2 lb，1 ft = 12 in，1 in = 2.54 cm = 0.0254 m
$$\therefore 1 \text{ ft-lb} = 1 \times 12 \times 0.0254 \text{ m} \times \frac{1}{2.2} \text{ kg} = 0.1385 \text{ kg-m}$$
所以 180 ft-lb = 180 × 0.1385 = 24.935kg-m(24.876 最接近)

( )6.　汽車冷氣系統設計，一般以車內和車外溫差 5℃為原則，如以華氏表示則為　①5　②9　③41　④50　℉。　③

　解　攝氏與華氏換算公式：攝氏(℃)=(華氏℉ − 32)×$\frac{5}{9}$，℉ = (℃ ×$\frac{9}{5}$)+ 32，所以℉ = (5 ×$\frac{9}{5}$)+ 32 = 41℉

( )7.　在位於狹窄處所工作所適用鉗子為　①斜口鉗　②尖咀鉗　③鯉魚鉗　④剝線鉗。　②

( )8.　開口扳手的開口大小與扳手之長度　①成反比　②無關　③成一定比例　④平方成正比　使扭力恰當。　③

( )9.　管子扳手作用之方向有　①一個　②二個　③三個　④四個。　①

　解　管子扳手作用的方向只有一個，即固定端。

( )10.　下列何者螺帽位置非得使用 T 形套筒扳手拆卸　①凸出處　②平面處　③凹穴處　④光滑面處　③

( )11.　協助普通套筒扳手不能達到的狹窄地方所接用的工具為　①搖柄　②萬向接頭　③扭力扳手　④梅花扳手。　②

( )12.　用以鑿去鉚釘、切割薄金屬片應用　①平鑿　②圓口鑿　③剪口鑿　④槽鑿。　①

( )13.　使用銼刀切削金屬時應　①向前推時切削，拉回時提高　②向前時提高，拉回時切削　③向前、拉開均加壓　④向前、拉開時提高。　①

( )14.　一般螺絲攻一組有　①一支　②二支　③三支　④四支。　③

( )15.　普通起子無法拆下之螺絲，可用　①彎頭起子　②棘輪起子　③衝擊起子　④十字起子。　③

( )16.　鬆、鎖汽車零件螺絲，宜　①按順序分二次以上工作　②按順序一次完成　③依修護手冊操作程序工作　④在引擎熱　時為之。　③

( )17.　技師甲說：「將鋼質螺栓鎖入鋁質氣缸蓋中時，必須在螺紋上塗抹 anti-seize compound」，技師乙說：「塗抹 anti-seize compound 是為了避免螺紋咬死」，誰的說法正確？　①技師甲　②技師乙　③兩者皆正確　④兩者皆錯誤。　③

　解　anti-seize compound 中文是「抗結劑」，防止螺栓在鎖入鋁質氣缸蓋中咬死，才加入抗結劑，所以甲、乙技師均對。

( )18.　如右圖所示之量具，其英文名稱為　③
　① Dial bore gauge
　② Telescoping gauge
　③ Torque angle gauge
　④ Feeler gauge。

Adjustable Pointer

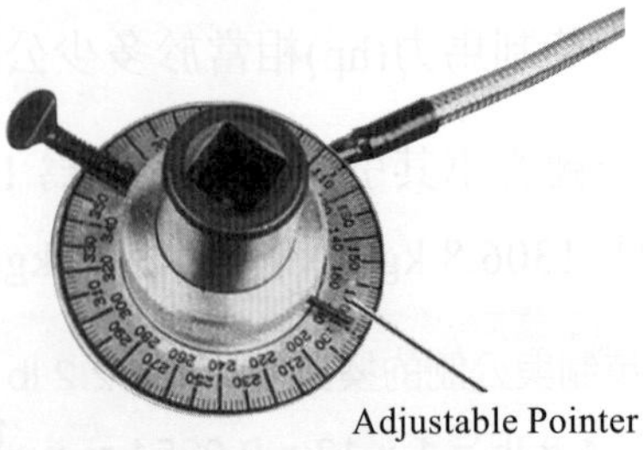

解 ① Dial bore gauge 是鑽孔指示儀。
② Telescoping gauge 是望遠鏡。
③ Torque angle gauge 是扭力角度儀，在汽車修護丙級技檢中使用。
④ Feeler gauge 是探測儀。
按照圖片，正確是扭力角度儀，鎖緊扭力的扳手之一。

(　) 19. 測量曲軸端間隙最好的量具是　①測微器　②深度規　③千分錶　④游標卡尺。　　③

解 各種量具量測的場合及功用如下：
千分錶可量測：①軸端間隙　②齒輪背隙　③偏擺度　④不平度　⑤彎曲度。
游標卡尺可量測：①軸承內徑　②來令片厚度　③外徑。
測微器(分厘卡)可量測：①活塞外徑　②軸頸或軸宵外徑　③碟盤厚度。
深度規可量測：①輪胎溝紋深度　②軸承高度。

(　) 20. 使用量缸錶(Cylinder bore gauge)不能測量　　③
①氣缸內徑　②氣缸斜差　③活塞直徑　④氣缸失圓。

解 量缸表主要的功能是量測汽缸失圓和斜差，亦可量測汽缸內徑，活塞外徑應使用外徑分厘卡(俗稱測微器)來量測。

(　) 21. 檢查引擎軸承片的擠壓高度(Crush height)是使用　　④
①游標尺　②測微器　③千分錶　④厚薄規。

(　) 22. 測微器之套管旋轉兩轉所移動的距離恰為 1 mm，其套管周圍刻成 50 等分時，其刻度每　　②
刻劃係表示　①0.01 cm　②0.01 mm　③0.1 mm　④0.001 mm。

解 題意即指「測微器(分厘卡)」，副尺旋轉 2 轉，主尺前進 1 mm，
所以 2(轉) × 50 格 = 1 mm，即每格 = $\dfrac{1mm}{100\ 格}$ = 0.01 mm／格。

(　) 23. 以千分錶測量工作物，其精度最高之錶可達到　　③
①0.1 mm　②0.01 mm　③0.001 mm　④0.0001 mm。

(　) 24. 用量缸錶測量氣缸時發現上下斜差 0.08 mm，則活塞環之開口間隙最大與最小將相差　　①
①0.08 mm　②0.16 mm　③0.25 mm　④0.33 mm。

解 氣缸斜差的定義：如右圖 A－B =斜差
所以 A－B = 0.08mm，即環塞環之開口間隙最大與
最小相差 0.08mm，才不致漏氣。

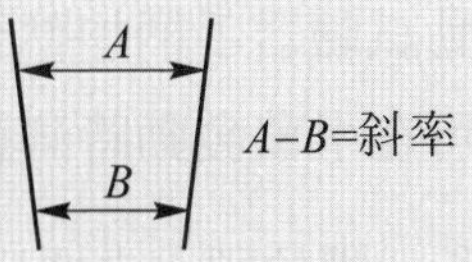

$A－B=斜率$

(　) 25. 公制 1/20 游標卡尺，可量測的最小尺寸為　　③
①0.1 公厘　②0.02 公厘　③0.05 公厘　④0.01 公厘。

解 游標卡尺的精密度有 2 種，一種是 $\dfrac{1}{20}$，即 0.05mm，另一種是 $\dfrac{1}{50}$，即 0.02mm。

(　) 26. 測量齒輪背隙(Back lash)最好的量具為　　③
①測微器　②游標卡尺　③千分錶　④厚薄規。

> **解** 一般在汽車修護乙級技術士術科測驗中都有量測差速器盆形齒輪和角齒輪的背隙，均使用千分錶加上磁性座來量測，每一刻劃為 0.01mm。

( ) 27. 使用千分錶測偏心軸彎曲度時，如指針移動 0.8 mm 則該偏心軸之彎曲度為　① 1.6 mm　② 0.8 mm　③ 0.4 mm　④ 0.2 mm。　　③

> **解** 彎曲度值＝測量值÷2，所以 0.8÷2＝0.4mm。

( ) 28. 測量曲軸軸頸之外徑，較佳之量具為　①游標卡尺　②外徑測微器　③外卡尺　④千分錶。　　②

> **解** 測量曲軸軸頸之外徑使用「外徑測微器」較佳，因為測微器精密度為 0.01mm，而游標卡尺精密度為 0.02 或 0.05mm；千分錶用來測量煞車碟盤不平度較佳。

( ) 29. 測量氣缸蓋及氣缸體之平面度應使用直定規與　①厚薄規　②千分錶　③游標卡尺　④線規。　　①

( ) 30. 測量活塞環之邊間隙應使用　①線規　②厚薄規　③量缸錶　④內徑測微器。　　②

( ) 31. 使用汽缸壓力錶檢查引擎汽缸壓力時，若發現相鄰兩缸之汽缸壓力均較規定為低，初步可判斷為　①進氣門漏氣　②排氣門漏氣　③活塞環漏氣　④汽缸床漏氣。　　④

( ) 32. 引擎真空錶的單位為　① cm Aq　② cm Ag　③ cm Hg　④ cm atm。　　③

( ) 33. 測量氣缸壓縮壓力應在　①冷引擎　②引擎達工作溫度　③阻風門閉合　④引擎高速　時測量。　　②

( ) 34. 柴油引擎正時燈之主要功用係測試　　①
①噴射提前角度　　　　　　　　　②開始燃燒之曲軸轉角
③點火遲延時期之曲軸轉角　　　　④燃燒終了之曲軸轉角。

( ) 35. 以行車型態測試汽車排放污染物測試時，其污染物排放單位為　① %　② ppm　③ g　④ g/km。　　④

( ) 36. 下列有關使用水箱壓力試驗器檢查水箱之敘述，何者錯誤？　　④
①水箱中冷卻水量足夠時才可加壓測試
②發動引擎使達正常工作溫度後熄火再行測試
③壓動試驗器手柄加壓至廠家規定之壓力值
④亦可在引擎發動時測試，惟不可使測試壓力超過規定值50%。

( ) 37. 如圖所示螺栓頭上之標示記號或數字，表示螺栓的　　④
①螺距　②尺寸　③鎖緊扭力　④材料強度。

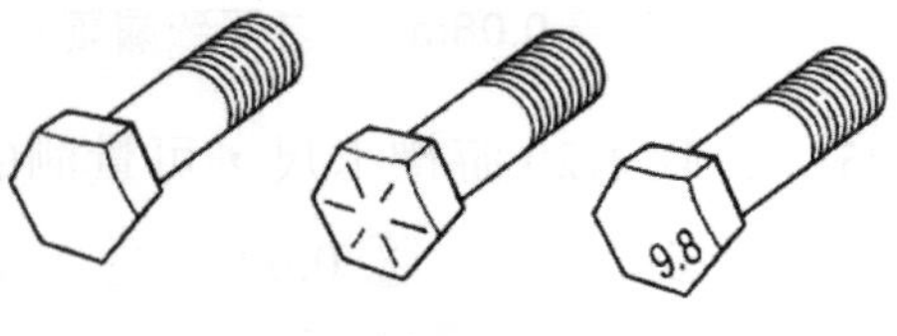

( ) 38. 如右圖所示之手工具，其英文名稱為　　①
① Crowfoot wrench set
② Flare-Nut wrench
③ Torque wrench
④ Allen wrench。

(　) 39.　如右圖所示之量具操作，係實施何種測量？　①
　　　　①氣門座失圓
　　　　②氣缸失圓
　　　　③氣門座孔徑
　　　　④氣缸孔徑。

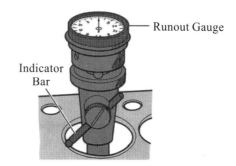

> 解　圖中所示為針盤量規加上磁性座，指針放在氣門座上，千分錶每一刻劃為 0.01mm，可量測氣門座失圓。

(　) 40.　測量方向盤空檔游隙，應使用　①量角尺　②游標尺　③測微器　④千分錶。　①

(　) 41.　Side Slip Tester 上指示出 2 mm/m 是指此汽車　③
　　　　①前束 2 mm　②前展 2 mm　③側滑 2 m/km　④側滑 2 cm/m。

(　) 42.　有關車輛檢驗中心以滾筒式煞車試驗器測試車輛煞車效能時，其檢驗項目包含　①
　　　　①總煞車力、平衡度與手煞車力　　　　②總煞車力、不平衡度與手煞車力
　　　　③動態煞車力、平衡度與手煞車力　　　　④動態煞車力、不平衡度與手煞車力。

(　) 43.　滾筒式煞車試驗器，滾筒旋轉方向係使車輪　①
　　　　①依行車方向轉動　②依倒車時方向滾動　③先前進後倒退　④先倒退後前進。

(　) 44.　檢查碟式煞車之煞車盤偏搖度時，應使用下列何種量具　②
　　　　①游標卡尺　②千分錶　③測微器　④直尺。

(　) 45.　示波器上螢幕所顯示的縱座標為電壓(V)，橫座標為　②
　　　　①電流(A)　②時間(T)　③ %　④電阻(Ω)。

(　) 46.　電瓶試驗器檢驗是檢查電瓶的　②
　　　　①電阻、漏電(絕緣能力)　②電量是否足夠　③電容量、漏電　④電阻、充電。

(　) 47.　使用頭燈檢驗器，檢測車輛頭燈光束時，受測車輛應　③
　　　　①距離檢測器 50 公尺
　　　　②停在斜坡
　　　　③依規定距離車輛停於平面，發動引擎，打開遠光燈測試
　　　　④引擎熄火開近光燈。

(　) 48.　點火系統高壓電可以用那些儀器測試？　③
　　　　①直流電壓錶　②交流電壓錶　③引擎示波器　④三用電錶。

(　) 49.　電晶體及整流粒可用那些儀錶來檢驗　①
　　　　①歐姆錶　②電流錶　③電壓錶　④轉速閉角錶。

(　) 50.　交流發電機示波器是檢驗　②
　　　　①交流發電機電流波形　　　　②交流發電機輸出電壓波形
　　　　③交流發電機磁場電流波形　　　　④電流與磁場電阻波形。

(①) 51. 類比式歐姆錶指針歸零校正時可被調整，但無法歸零之可能原因
①錶內電池電壓太低　②錶內游絲彈簧太強　③歐姆錶損壞　④測試棒斷路。

解　類比式歐姆錶也就是指針式三用電表，當紅色及黑色探棒接觸時做歸零校正，可調整歸零旋鈕進行校正，若旋鈕轉到底仍無法歸零時，可判定電池電壓太低，更換新電池(1.5V)即可。

(③) 52. 幕板式(Screen type)和集光式對光儀器是檢驗
①汽車大燈的光度　　　　　　　　②汽車大燈的光束
③汽車大燈的光度與光束　　　　　④汽車大燈瓦特數。

(③) 53. 有關工場實習中之工具使用的敘述，下列何者正確？　①在工場中要敲擊的場合，最好選用鋼製手錘　②螺絲起子在有些場合可當作鑿刀使用　③工具不可堆放在機器上，以免發生危險　④取拿工具時，可以跑步前進，以節省時間。

(①) 54. 有關工場中之工具使用的敘述，下列何者錯誤？
①使用活動扳手時，固定邊不可受力　　②拆卸螺絲時使用套筒扳手較安全
③不可將工具任意疊放或放置於工作檯上　　④工具應定期實施檢修與保養。

(①) 55. 有關工安的討論，下列何者錯誤？
①操作工具時，應將握桿向外推出，較容易施力
②工場清潔能增加機器設備的使用壽命
③工場實習收工後，工具應擦拭及保養
④垃圾回收需先做好垃圾分類收集。

(①) 56. 下列何者錯誤？
①使用扳手時，應由內往身體外方向施力
②拆卸汽缸蓋螺絲時，應由外往內逐次拆鬆
③拆卸螺絲時，應優先選擇套筒扳手
④扭力扳手，製造時非常精密，必須作定期校驗。

(②) 57. 有關工場電瓶充電的討論，下列何者錯誤？
①採用串聯充電較多
②若採用串聯充電，應選用低電壓大電流的充電機
③電瓶電水不足，應補充蒸餾水
④充電室應具有良好通風。

(①) 58. 如圖所示係電瓶充電之接線圖，下列敘述何者正確？
①充電機電壓為三個電瓶電壓之和且充電機電流與各電瓶電流均相等　②充電機電壓為三個電瓶電壓之和且充電機電流為三個電瓶電流之和　③充電機電壓與各電瓶電壓均相等且充電機電流為三個電瓶電流之和　④充電機電壓與各電瓶電壓均相等且充電機電流與各電瓶電流均相等。

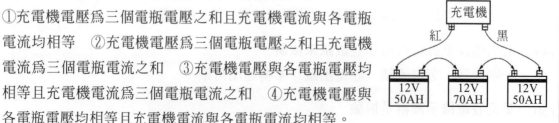

(　) 59. 有關電瓶充電方法之敘述，下列何者不正確？ ②

①通常充電工場均採用串聯充電法，而其充電電流量為最小電瓶電容量的十分之一安培小時，且充電電壓會隨電瓶的電壓上升而增加

②等壓充電法可將電壓不相同的電瓶作並聯充電

③快速充電法之最大充電電流量，一般皆以電瓶電容量的一半為準

④汽車上發電機的充電方式為並聯充電法。

複選題

(　) 60. 進行車輛拖吊作業時，下列的注意事項中，何者是正確的？

①拖吊前需先確認變速箱/轉向系統及傳動系統是否良好

②拖吊時故障車輛的鑰匙須從點火開關上拔除避免危險

③為避免 4WD 或 CVT 變速箱損壞，不可使用前輪著地方式進行拖吊

④排擋桿的位置需放在 N 空檔位置。

①
③
④

解　進行車輛拖吊作業時，先檢查下列事項：

① 拖吊前需先確認變速箱/轉向系統及傳動系統是否良好。

② 鑰匙要放在點火開關上，以免方向盤鎖死及方便維修使用。

③ 確認前輪離地以免損壞變速箱。

④ 確認排擋桿放在 N(空檔)位置。

(　) 61. 有關活動扳手的操作，下列何者錯誤？

①操作時由活動扳手的固定端施力　　②放鬆螺帽時，優先選用活動扳手

③可將扳手套入鐵管，以幫助扭轉　　④扳手的鉗口可無限調大。

②
③
④

解　① 使用活動扳手時施力一定要用「固定端」，如果施力在「活動端」扳手很容易損壞。

② 放鬆螺帽時，應優先使用套筒或梅花扳手，不可使用活動扳手或開口扳手。

③ 將梅花或開口扳手套入鐵管增加扭力會讓扳手損壞。

④ 活動扳手的鉗口有一定尺寸，無法無限調大。

(　) 62. 使用一般充電機進行電瓶充電時，下列注意事項何者正確？

①若電瓶一個以上，則須先將電瓶連接後再接上充電機的正負極線

②依手冊之容許電流進行充電

③充電電流要高，以確保電瓶充滿電

④應保持充電區域的空氣流通。

①
②
④

解　③ 充電電流要按照電容量(AH)來設定，不可過高以免電瓶溫度過高，鉛板容易損壞。

(　) 63. 操作汽車工廠的空氣壓縮機時，下列敘述何者正確

①每天使用後需將洩水塞打開將水排除乾淨

②皮帶使用壽命正常情形下是不需檢查的

③若未使用氣動工具時，空氣壓縮機一直作動，表示異常

④空氣濾心僅清潔即可，無需更換。

①
③

解　② 皮帶要定期檢查，按照使用小時更換，遇有龜裂要更換，過鬆要調緊。

④ 空氣濾芯除了檢查時要清潔外，更應按照使用時數定期更換。

工作項目② 汽油引擎(含柴油引擎)

單選題

(②) 1. 現代引擎之燃燒室表面積(s)與燃燒室容積(v)之比值應如何設計，可使排氣之 HC 發生量減少，即 s/v 之比值　①變大　②變小　③不一定　④不變。

(③) 2. 下列所述各種情況何者不會改變汽缸壓縮比
①光磨汽缸蓋　②搪缸　③鑲汽缸套　④燃燒室積碳。

(③) 3. 凸輪軸之凸輪頂部磨損
①會使氣門開啓時間提前　　　　　　②會使氣門開啓時間延後
③會使氣門開度變小　　　　　　　　④會使氣門開度變大。

(②) 4. 一般引擎之止推軸承(Thrust Bearing)有溝槽之一面是對著
①固定面　②活動面　③粗糙面　④光滑面。

解 溝槽對著活動面以方便潤滑及散熱。

(②) 5. 氣門桿小橡皮護油圈應裝配在
①氣門導管裡面　　　　　　　　　　②氣門桿端彈簧座圈裡面
③氣門桿靠氣門頭位置　　　　　　　④氣門桿任何位置。

(③) 6. 造成 OHC 引擎凸輪軸軸頸磨損太多的可能原因，技師甲說：機油泵濾網堵塞，技師乙說：曲軸波司(軸承)間隙太大，誰的說法正確？
①技師甲　②技師乙　③二者都正確　④二者都不正確。

(②) 7. 使用汽缸壓縮壓力測試器測出某缸壓力比正常壓力高時，技師甲說：是活塞環卡住了；技師乙說：燃燒室積碳太多，誰的說法正確？
①技師甲　②技師乙　③二者都正確　④二者都不正確。

解 活塞環若卡住了，活塞無法上下移動，汽缸壓力更無法提高。若燃燒室積碳則燃燒室容積變小，依據壓縮比定義：

$$壓縮比 = \frac{活塞位移容積 + 燃燒室容積}{燃燒室容積} = \frac{汽缸全容積}{燃燒室容積}$$

由上述公式可知，當分母(燃燒室容積)變小時，它的商值(壓縮比)自然會提高，所以汽缸壓縮壓力比正常壓力高。

(③) 8. 關於水平對臥式汽油引擎之敘述，技師甲說：引擎室蓋高度可降低，技師乙說：驅動軸輸出動力對稱性較佳，重量較輕，誰的說法正確？
①技師甲　②技師乙　③二者都正確　④二者都不正確。

(②) 9. GDI 汽油引擎是指　①單點汽油噴射引擎　②汽缸內汽油直接噴射引擎　③進氣口汽油噴射引擎　④節氣閥體汽油噴射引擎。

解 GDI 的全稱為 Gasoline Direct Injection，即汽油直接噴射(引擎)。單點汽油噴射引擎，英文為 Single-Point Injection，簡稱 SPI。進氣口汽油噴射引擎，英文為 Port-Injection，簡稱 PI。節汽閥體汽油噴射引擎，英文為 Throttle-Body Injection，簡稱 TBI。

( ) 10. 氣門導管在引擎上太緊無法拆卸時,最好在導管四周加注下列何者以利拆卸　② 　①汽油　②煤油　③機油　④亞麻仁油。

( ) 11. 使用塑膠量規檢查曲軸主軸承間隙時,應按照規定軸承蓋扭緊後　④

①將曲軸轉動後再拆卸,測量塑膠量規厚度

②將曲軸轉動後再拆卸,測量塑膠規寬度

③再拆卸,測量塑膠量規厚度

④再拆卸,測量塑膠量規寬度。

( ) 12. 氣門彈簧彈力如太弱,對引擎的何種轉速影響最大　①怠速　②中速　③高速　④加速。　③

解　氣門彈簧彈力太弱,引擎在高速運轉時關閉動作遲緩,會造成容積效率降低,引擎無力。

( ) 13. 引擎大修分解時須先刮除汽缸餘緣方可將活塞拆出,刮除餘緣的目的為　②

①以免活塞被刮傷　　　②以免活塞環折斷

③做為測量汽缸不圓的部位　　　④做為搪缸刀尺寸的標準。

( ) 14. 鎖緊主軸承蓋螺絲須從那一端開始　①

①從中間之主軸承蓋　②從前端主軸承蓋　③從後端主軸承蓋　④任意端均可。

( ) 15. 汽油引擎時規齒輪或鍊條磨損鬆動將　①

①使氣門正時不準確　　　②使曲軸箱機油沖淡

③增加機油消耗量　　　④使引擎機油壓力過低。

( ) 16. 汽油引擎使用時規鍊條驅動之正時齒輪,當更換鍊條時須同時更換　③

①凸輪軸　②曲軸　③凸輪軸齒輪及曲軸之齒輪　④時規齒輪蓋。

解　汽油引擎若是使用正時皮帶驅動氣門機構時,若更換正時皮帶時,最好連時規軸承及惰輪一併換掉。如果使用正時鏈條,應同時更換凸輪軸齒及曲軸齒輪。

( ) 17. 汽油引擎氣門座光磨得太深陷時,對整個氣門機構來說會有什麼影響　②

①氣門面與氣門座不能密合　　　②氣門彈簧安裝後長度變長

③氣門的開度會變小　　　④氣門彈簧安裝後的長度會變短。

( ) 18. 測試引擎汽缸壓縮壓力時,除節氣門全開外　③

①冷車時測試,火星塞全部拆除　　　②冷車時測試,僅拆測試缸之火星塞

③溫車狀態測試,火星塞全部拆除　　　④溫車時測試,僅拆測試缸之火星塞。

解　測試引擎汽缸壓力時,必須讓引擎溫車時,各機件的膨脹係數才會正常,測得的缸壓才正確。

( ) 19. 實施汽缸漏氣試驗時發現水箱口有水泡冒出則可能為　④

①氣門導管嚴重磨損　②水套受阻　③正常現象　④汽缸床破裂。

解　①氣門導管嚴重磨損會造成下機油現象,引擎會吃機油。

②水套受阻引擎會過熱。

③水箱口冒泡不可能為正常現象。

④祇有汽缸床破裂時汽缸內之壓縮空氣會從汽缸床破裂處滲入水套中而冒泡。

( ) 20. 實施汽缸漏氣試驗時，活塞應位於　　　　　　　　　　　　　　　　　　　③
①壓縮行程開始的位置　②動力行程的末端　③壓縮行程的頂端　④任何位置均可。

( ) 21. 進氣歧管真空錶試驗時，若引擎於慢車中，指針有規律地跌落數吋 Hg，則表示　④
①氣門卡住不靈活　②活塞環作用不良　③氣門導管磨損　④氣門燒壞。

解 氣門燒壞會造成氣門與氣門座閉合不良，自然真空錶因空氣吸入，真空度會變小而跌落數吋。

( ) 22. 引擎排氣背壓太大，其原因可能是　　　　　　　　　　　　　　　　　　　④
①排氣管腐爛　②消音器破裂　③消音器太大　④消音器阻塞。

解 引擎排氣背壓太大有兩種原因：(1)觸媒轉化器堵塞　(2)消音器堵塞。

( ) 23. 下列關於機油性質之敘述，何者正確？　　　　　　　　　　　　　　　　　①
① SAE 號數越大，黏度越大
②黏度指數越高，則黏度因溫度之變化越大
③複級者，氣溫冷時其黏度濃稠
④ SAE 號碼，最大為 80 號。

解 ① SAE 為美國汽車工程學會簡稱，制定黏度分類，即號數越大，黏度愈高，反之號數愈小，黏度愈低。
②黏度範圍愈大，例如複級機油 10W-40、20W-50 等，機油黏度承受溫度之變化越大。
③複級機油，氣溫冷則黏度應越稀薄。
④ SAE 號碼最大為 140。

( ) 24. 連桿大端的軸承油隙(Oil Clearance)太大時，則機油壓力將　　　　　　　②
①升高　②下降　③不變　④慢車時升高，高速時下降。

解 連桿大端軸承油隙太大時，會造成機油壓力下降，量測油隙的方法是使用「塑膠量規」。

( ) 25. 引擎潤滑油過度消耗，最可能之原因是　　　　　　　　　　　　　　　　④
①連桿軸承漏油　②氣門腳間隙太大　③機油壓力太低　④氣門導管磨損。

解 氣門導管磨損則引擎容易下機油，機油進入燃燒室燒掉，造成過度的消耗。

( ) 26. 機油壓力太高原因可能是　　　　　　　　　　　　　　　　　　　　　　③
①機油被沖淡變稀　②油底殼機油不足　③主油道阻塞　④凸輪軸軸承磨損。

( ) 27. 引擎油底殼中機油呈現乳白色表示　　　　　　　　　　　　　　　　　　③
①機油中滲有汽油　②機油黏度太稀　③機油中滲有水分　④滲有不同廠牌之機油。

解 機油中滲有水分時，機油會呈現乳白色，滲有汽油時則會稀釋機油。

( ) 28. 潤滑系統是利用機油在兩金屬滑動面間造成油膜，其功用是　　　　　　②
①使流體摩擦改變成固體摩擦　　　　　　　　②使固體摩擦改變成流體摩擦
③吸收油渣加以磨碎　　　　　　　　　　　　④分散油渣粒子。

( ) 29. 引擎機油如果產生泡沫或氣泡會使油道壓力　①升高　②降低　③無關　④忽高忽低。　②

( )30. 在減速時排氣管冒出藍煙，其可能原因為 ③

①空氣燃料之混合比太濃　　　　　　②冷卻水由破裂之汽缸床進入汽缸中

③機油由磨損之活塞環進入汽缸中　　④排氣門密合不良漏氣。

解 排氣管冒出藍煙表示引擎在燃燒過程中有吃到機油，則機油自磨損之活塞環進入燃燒室中最有可能。

( )31. 引擎機油消耗量太大，其可能原因為 ③

①空氣燃料之混合比太濃　　　　　　②使用機油 SAE 號數太大

③機油由磨損之活塞環進入汽缸中　　④機油濾清器堵塞。

( )32. 當引擎有上機油(Pumping Oil)現象時會引起何種狀況 ①

①火星塞易積碳　②引擎易熄火　③應改用複級機油　④引擎易過熱。

解 引擎泵油現象即引擎上機油，機油會自活塞環與汽缸壁之間隙上到燃燒室燃燒，故火星塞容易積碳。

( )33. 油底殼內機油會減少，下列何者非其原因 ①

①連桿軸承或主軸承磨損　　　　　　②進氣門導管磨損

③活塞環或汽缸壁磨損　　　　　　　④活塞環槽磨損。

解 連桿軸承或主軸承磨損時，引擎噪音會增加但不會損耗機油。

( )34. 下列何者是造成機油壓力降低的原因 ④

①氣門導管磨損　②活塞環磨損　③凸輪磨損　④曲軸軸承磨損。

解 氣門導管磨損及活塞環磨損會導致引擎吃機油，凸輪磨損會影響氣門開關時間，只有曲軸軸承磨損會造成機油壓力降低。

( )35. 下列敘述正確者為 ②

①冷卻液使用硬水

②乙烯乙二醇與水混合，前者比例低於 40%以下時，會減低防蝕性及熱交換功能

③ 80%乙烯乙二醇與 20%水之比例，其凝結點最低

④冷卻液中不可加入添加劑。

解 加入乙烯乙二醇可以降低冷卻水冰點(凝結點)，防止冷卻水冰凍，即產生結冰現象，參考下表可知，如果乙烯乙二醇與水混合比例低於 40%以下時，水之凝結點為−20℃以下，很容易結冰，40%以上時凝結點可以達到−30℃～−40℃。

(1)耐久性型態之防凍液：

℃	−10	−20	−30	−40
水%	80−77	65	55	50−45
原液%	20−23	35	45	50−55

(2)半耐久性型態之防凍液：

℃	−10	−20	−30	−40
水%	82−80	70	60	57−50
原液%	18−20	30	40	43−50

( ) 36. 有關壓力式水箱蓋之敘述，下列何者正確？　①
　　　　①真空活門在引擎熄火後冷卻水溫降低時會打開
　　　　②壓力活門在冷卻水溫度達 100℃時打開
　　　　③冷引擎行駛時真空活門打開
　　　　④引擎在正常工作溫度時，壓力活門會打開。

( ) 37. 造成引擎溫度過高的可能原因，技師甲說：節溫器無法打開，技師乙說：壓力式水箱蓋　①
　　　　之真空釋放閥卡在關閉位置，誰的說法正確？
　　　　①技師甲　②技師乙　③二者都正確　④二者都不正確。

> **解** 節溫器若無法打開，引擎內熱水無法送達水箱去散熱，所以造成引擎溫度過高，另壓力式冰箱蓋之真空釋放閥卡在關閉位置，僅會造成冷卻時水無法自副水箱中倒吸回進入主水箱而已。

( ) 38. 造成引擎溫度過高的可能原因，技師甲說：汽缸床與水套之間燒燬，技師乙說：水箱電　③
　　　　動風扇馬達轉速太慢，誰的說法正確？
　　　　①技師甲　②技師乙　③二者都正確　④二者都不正確。

( ) 39. 造成引擎溫度過高的可能原因，技師甲說：水箱芯堵塞；技師乙說：水箱電動風扇感溫器　①
　　　　一直導通，誰的說法正確？　①技師甲　②技師乙　③二者都正確　④二者都不正確。

> **解** 水箱風扇溫度開關若一直導通，則冷卻風扇使持續運轉，反而散熱良好，唯有水箱芯(節溫器)關閉堵塞，才會造成引擎溫度過高。

( ) 40. 下列錯誤者為　③
　　　　①地區高度越高，引擎馬力越小
　　　　②大氣中濕度大時引擎馬力降低
　　　　③排氣量不變，加大行程比加大缸徑，更容易產生爆震
　　　　④引擎轉速過了最大扭力的轉速點後隨著轉速繼續升高，容積效率會越來越低。

> **解** 排氣量的定義＝缸數×πr^2×L（r是汽缸內徑，L是行程)，汽缸壓縮比($C\cdot R$)定義＝$\dfrac{汽缸全容積}{燃燒室容積}$＝
> 〔$\pi r^2 \times L + (\pi r^2 \times L_1)$〕$/$〔$\pi r^2 \times L_1 (L_1 為燃燒室高度)$〕＝〔$\pi r^2 (L+L_1)$〕$/(\pi r^2 L_1)$＝$(L+L_1)/L_1$。所以壓縮比的大小取決於行程 L 和燃燒室高度 L_1。
>
> ③排氣量不變，代表汽缸內徑 r 和活塞行程 L 不變，所以會影響壓縮比只剩下「燃燒室高度 L_1」。因此題意「加大行程」和「缸徑」，均不會影響壓縮比和爆震。

( ) 41. 電動式汽油泵中設有殘壓用單向活門，其目的是　④
　　　　①防止輸油時發生逆流　　　　　　　②控制流向於一定壓力
　　　　③調適輸油過程的殘壓　　　　　　　④泵停止作用時維持壓送側油管殘壓。

( ) 42. 一般汽油引擎空氣濾清器堵塞會造成　③
　　　　①減少 CO、HC 及 NO_x 之排出　　　②可節省燃料
　　　　③引擎無力，燃料消耗量增加　　　　④點火正時提前。

( ) 43. 有關引擎加裝渦輪增壓器之敘述，下列何者有誤？　④
　　　　①馬力提高　②CO 排出量減少　③HC 排出量減少　④NO_x 排出量增加。

(　)44. 有關使用渦輪增壓器引擎之敘述，下列何者正確？　　　　　　　　　　　　③
　　　　①採用機械力驅動式較多
　　　　②增壓器之轉速一般為 1-2 萬 RPM
　　　　③當引擎過度增壓時，可限制流向渦輪之排氣量
　　　　④可利用進氣釋放閥，於過度增壓時，將混合氣排至大氣中。

(　)45. 汽油噴射引擎，其噴油嘴噴射量之多寡是控制　　　　　　　　　　　　　　④
　　　　①壓力　②真空　③噴油嘴開度大小　④噴油嘴開啟時間。

　解　電子控制汽油噴射引擎，噴油嘴噴射量之多寡是由 ECU 來控制噴油嘴搭鐵的秒數，即噴油的時間，
　　　單位是 ms(毫秒)。

(　)46. 下列何者為壓力計量式汽油噴射引擎基本噴射量之訊號　　　　　　　　　　②
　　　　①空氣流量計　②進氣岐管壓力感知器　③水溫感知器　④節氣門開關。

(　)47. 壓力計量式汽油噴射引擎，歧管壓力感知器感測歧管壓力真空度低時，引擎狀態可能為　③
　　　　①怠速　②部份負荷　③全負荷　④中速。

(　)48. 電動汽油泵的性能檢驗，優先檢驗的項目是　　　　　　　　　　　　　　　①
　　　　①輸油壓力和輸油量　　　　　　　　　②輸油壓力和真空度
　　　　③輸油量和真空度　　　　　　　　　　④輸油壓力和膜片彈簧。

(　)49. 汽油噴射系統中能保持適當噴油壓力的是靠　　　　　　　　　　　　　　　④
　　　　①空氣流量計　②脈動緩衝器　③汽油泵　④燃油壓力調整器。

(　)50. 汽油噴射引擎進氣溫度感知器(負溫度係數型)，其進氣溫度愈高時，電阻會　　①
　　　　①變小　②變大　③不變　④等於零。

　解　汽油噴射引擎進氣溫度感知器為負溫度型感知器，即進氣溫度愈高，電阻愈小；進氣溫度愈低，則電
　　　阻愈大。

(　)51. 現代汽油噴射系統的電腦電源是　　　　　　　　　　　　　　　　　　　　③
　　　　①不經繼電器直接由電瓶供應　　　　　②經繼電器由電瓶直接供應
　　　　③由電瓶直接及經點火開關共同供應電源　④由發電機電壓調整器供應電源。

(　)52. 汽油引擎混合氣過濃時，排氣管排出的煙是　①藍白色　②藍色　③黑色　④淡黃色。　③

(　)53. 使用壓力錶檢查歧管噴射式汽油引擎之燃油壓力，在低速時，其油壓應約為　　①
　　　　① 2.5-3 kg/cm^2　② 5-6 kg/cm^2　③ 80-100 kg/cm^2　④ 120-150 kg/cm^2。

(　)54. 當檢測出汽油噴射引擎鋯材含氧感知器電壓偏高時，其可能原因，技師甲說：是排氣中　②
　　　　含氧太高，技師乙說：噴油嘴噴油脈波太寬，誰的說法正確？
　　　　①技師甲　②技師乙　③二者都正確　④二者都不正確。

(　)55. 汽油噴射引擎造成汽油泵不作用的可能原因，技師甲說：要檢查水溫感知器；技師乙說：　④
　　　　要檢查節氣門位置感知器(TPS)誰的說法正確？
　　　　①技師甲　②技師乙　③二者都正確　④二者都不正確。

解　電動油泵不作動時應檢查：
(1)保險絲，(2)油泵繼電器，(3)檢查電路，(4)檢查電動油泵本身，即可查出故障原因，與 CTS 及 TPS 無關。

(①) 56. 汽油噴射系統之感知器其影響引擎性能嚴重程度，下列何者最輕微？
①動力轉向油壓開關　②曲軸轉速感知器　③空氣流量感知器　④引擎溫度感知器。

解　曲軸轉速感知器(CSS)、空氣流量感知器(MAF)及引擎溫度感知器(ETS)是汽油燃料噴射系統中最重要的感知器(SENSOR)之一，然而動力轉向油壓開關僅在開關 ON 時，提供電腦一個訊號，讓怠速空氣控判閥(IACL)行程變大，噴油量增加以提高引擎轉速而已。

(③) 57. 汽油噴射引擎控制系統中，電腦依據那些訊號決定基本噴油量
①節氣門開度及引擎溫度　　　　　　②節氣門開度及進氣歧管壓力
③進氣流量及引擎轉速　　　　　　　④進氣流量及引擎溫度。

(③) 58. 汽油噴射引擎控制系統中，電腦分別依據下列那兩個元件得知混合比及引擎溫度
①含氧感知器及進氣溫度感知器　　　②爆震感知器及進氣溫度感知器
③含氧感知器及水溫感知器　　　　　④爆震感知器及水溫感知器。

(①) 59. 引擎轉速升高時，磁電式(magnetic pulse)曲軸位置感知器的輸出訊號
①最高電壓變高，頻率變高　　　　　②最高電壓不變，頻率變高
③最高電壓變高，頻率不變　　　　　④最高電壓不變，頻率不變。

(②) 60. 引擎轉速升高時，光電式曲軸位置感知器的輸出訊號
①最高電壓變高，頻率變高　　　　　②最高電壓不變，頻率變高
③最高電壓變高，頻率不變　　　　　④最高電壓不變，頻率不變。

(①) 61. 汽油引擎混合比較稀薄，而導致引擎有熄火趨勢時，則引擎排出廢氣中何者有增加趨勢
① HC　② CO　③ NO_x　④ SO_2。

解　混合比愈稀，空氣比汽油多，則 HC 會增加，若混合比愈濃，汽油比空氣多，則 CO 會增加。

(④) 62. 下列關於減少 NO_x 排放之敘述，何者錯誤？
①降低最高燃燒溫度　②縮短高溫燃燒時間　③使用 EGR 裝置　④進排氣門間隙調大。

解　與第 71 題理由相同，唯進排氣門間隙調大，會使氣門早開晚關的時間延後，影響容積效率。

(③) 63. 下列關於排氣再循環(EGR)裝置之敘述，何者正確？
①能減少 CO、HC 之排出
②是利用進排氣門重疊時期將廢氣排出
③利用排氣中的不可燃氣體引入汽缸，減少 NO_x 之產生
④與多氣門式引擎之效果相同。

解　汽油噴射引擎由於燃燒完全，造成燃燒室內溫度過高，容易產生 NO 及 NO_2 有毒氣體，必須將廢氣部分導入燃燒室內，來降低溫度，自然減少 NO_x 的排放。

( ) 64. 排氣再循環(EGR)裝置，引入汽缸中之廢氣量最多時機是　③
①冷引擎時　②低速時　③輕負荷定速行駛時　④重負荷時。

解　引擎輕負荷定速行駛時，產生的廢氣量最多，必須使用 EGR 裝置，以減少廢氣之排出。

( ) 65. 在引擎燃燒室之後，下列何項不是用以減少污氣發生之裝置　③
①使用空氣泵之二次空氣噴射裝置　　　　②利用排氣壓力脈動之空氣導入裝置
③渦輪增壓器　　　　　　　　　　　　　④觸媒轉換器。

解　渦輪增壓器可增加燃燒室容積效率，無法減少污氣之發生。

( ) 66. 下列關於三元觸媒轉化器(Catalytic Converter)之敘述，何者正確？　③
①比理論混合比稀時，才能發揮淨化性能
②觸媒為鈀及銠
③必須加裝一組回饋系統以控制混合氣維持在理論混合比之附近
④使 CO、HC 及 NO_x 均產生氧化反應，以淨化排氣。

解　通常在排氣歧管的出口處加裝含氧感知器，才能控制混合汽維持在理論混合比附近。

( ) 67. 下列敘述何項錯誤　③
①點火時間越早時，NO_x 排出越多
②燃燒溫度越高時，NO_x 越多
③混合比越濃時，NO_x 越多
④燃燒室改良混合氣渦流強時，NO_x 越少。

解　混合比越濃時，CO 值會越多。

( ) 68. 下列何者無法有效降低 NO_x 且不實用　③
①供應較理論混合比稀之混合氣，並使其安定燃燒
②將定量之惰性氣體適時導入進氣歧管
③供應較理論混合比為濃之混合氣
④提高混合氣在燃燒室中之渦流，使燃燒速度增快。

解　混合比較濃會增加 CO 值，但卻無法有效降低 NO_x 廢氣。

( ) 69. 關於汽油引擎低速低負載時污氣排放之敘述，下列何者錯誤？　④
① CO 排放量多　② HC 排放量多　③ NO_x 排放量少　④ CO 及 HC 排放量少。

解　引擎在低速低負荷時，CO 及 HC 排出量會增加。

( ) 70. 汽油引擎曲軸箱之吹漏氣體含有大量的　① CO　② HC　③ NO_x　④ CO_2。　②

解　吹漏氣體以新鮮的混合汽為主，汽油蒸發時 HC 含量最多。

( ) 71. 若氣門重疊角度予以適當的調大時，可減少排氣中何項氣體成份　④
① CO　② HC　③ CO 及 HC　④ NO_x。

解　氣門重疊角度變大時，進氣的容積效率可以提高，燃燒溫度降低，NO_x 廢氣成分自然減少。

(　) 72. 有關 PCV 閥的敘述，下列何者正確？　②
①引擎熄火時，PCV 閥是打開著　　　　②引擎熄火時，PCV 閥是關閉著
③減速時，PCV 閥是關閉著　　　　　　④怠速時，PCV 閥是打開至最大。

(　) 73. 油箱蒸發汽控制系統(EVAP)主要減少何種氣體之排放　④
① NO_x　② CO　③ CO_2　④ HC。

(　) 74. 若 EGR 閥卡在關閉位置時，可能會引起　①
①排氣中 NO_x 過高　②排氣中 NO_x 過低　③引擎怠速不穩定　④引擎熄火。

> **解** EGR 的全稱為 Emission Gas Receiver "廢氣再回收" 之意，它的功用係將廢氣部分導入進氣歧管中再燒一次，以降低燃燒室內溫度，而減少 NO_x 的產生，所以若 EGR 關閉，NO_x 會過高。

(　) 75. 汽油噴射引擎控制系統中，在觸媒轉換器之後加裝含氧感知器是為了　②
①增加觸媒轉換器轉換效率　　　　　　②供電腦判斷觸媒轉換器是否正常
③供電腦確認混合比訊號　　　　　　　④做為備用含氧感知器。

> **解** 在汽油噴射引擎控制系統中，在觸媒轉換器之前加裝含氧感知器(O_2S)是為了控制混合汽維持在理論混合比附近，然而在觸媒轉換器之後加裝含氧感知器是為了偵測觸媒轉換器是否正常。

(　) 76. 汽油噴射系統在減速時，其燃料切斷作用與下列何者無關？　④
①引擎轉速　②節氣門位置　③冷卻水溫度　④點火正時。

> **解** 點火正時係控制火星塞的點火提前角度，與燃料切斷作用無關。

(　) 77. 汽油噴射引擎造成怠速混合氣過濃的可能原因，技師甲說：燃油壓力調整器之真空管堵塞，技師乙說：燃油壓力太低，誰的說法正確？　①
①技師甲　②技師乙　③二者都正確　④二者都不正確。

> **解** 燃油壓力調整器真空管堵塞會造成油壓升高，噴油太多以致造成怠速時混合比過濃。

(　) 78. 汽油噴射引擎測出排氣背壓(Back pressure)太高，技師甲說：觸媒轉化器堵塞，技師乙說：消音器堵塞，誰的說法正確？　③
①技師甲　②技師乙　③二者都正確　④二者都不正確。

> **解** 觸媒轉化器或排氣阻塞均會造成排氣背壓太高。

(　) 79. 汽油引擎怠速運轉不良可能原因中，下列何者影響最大？　④
①大氣壓力感知器不良　②空氣溫度感知器不良　③燃燒室積碳　④進氣歧管漏氣。

(　) 80. 引擎低速時運轉正常，而高速時會失火(Miss Fire)，則可能原因為　②
①油壓調節器油壓太高　　　　　　　　②氣門彈簧彈力衰減
③汽缸內積碳太多　　　　　　　　　　④拾波線圈間隙太小。

> **解** ①浮筒油面太高，引擎容易冒黑煙。
> ②氣門彈簧彈力衰減，引擎在高速時馬力不足容易失火。
> ③汽缸內積碳太多，容易產生爆震。
> ④白金間隙太小，閉角值太大造成點火時間過晚。

( ) 81. 汽油噴射引擎冷車時造成無法發動的可能原因,技師甲說:曲軸感知器斷路,技師乙說: ①
節氣門位置感知器(TPS)斷路,誰的說法較正確?
①技師甲 ②技師乙 ③二者都正確 ④二者都不正確。

( ) 82. 平均活塞速度 Vp(m/s),活塞行程 S(m)與引擎轉速 N(rpm),三者關係為何? ①
① Vp = 2SN ② Vp = 4SN ③ Vp = SN/2 ④ Vp = SN/4。

( ) 83. 柴油引擎轉速一定時,則 ①
①活塞行程愈小,活塞平均速度愈低 ②活塞行程愈小,活塞平均速度愈高
③引擎扭力愈大,燃料消耗率愈大 ④引擎扭力大小與燃料消耗率無關。

( ) 84. 下列有關柴油引擎燃料系統之敘述,何者正確? ③
① 4 行程六缸引擎其噴射間隔為 120 度
②燃料噴射量之調整,係從舉桿之調整螺絲為之
③燃料噴射開始壓力之調整,係改變噴油嘴彈簧之彈力
④柱塞之上死點與下死點之距離稱為有效行程。

解 ① 4 行程六缸引擎其噴射間隔為 60 度。
② 燃料噴射量之調整,係調整柱塞為之。
④ 柱塞在壓油通過進油孔與出油孔之行程稱為有效行程,如下圖所示。

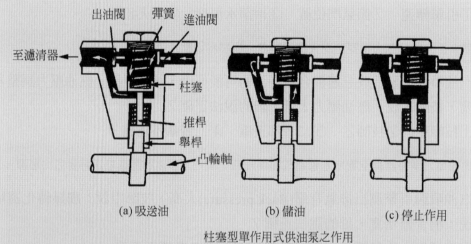

柱塞型單作用式供油泵之作用

註:摘錄自全華圖書「汽車原理」,圖 4-3.3。

( ) 85. 直接噴射式柴油引擎的優點有 ②
①不容易發生笛塞爾爆震 ②熱效率高較省油
③使用節流型噴油嘴壓力低故障少 ④對使用燃料的變化較不敏感。

解 直接噴射式柴油引擎是利用孔型噴油嘴,因屬直接噴射,所以噴油壓力均大於 150 kg/cm², 因此柴油
霧化良好,燃料消耗率低、省油且熱效率高。

( ) 86. 柴油引擎在什麼情況下,黑煙排放最多? ③
①慢車時 ②等速時 ③加速時 ④高速時。

解 加速時,噴油嘴噴油量增加,柴油與空氣燃燒後過剩的燃料易生成黑碳(碳粒)及 CO 有毒氣體。

(①) 87. 柴油引擎那一種廢氣排放幾乎可忽略
　　　　① CO　② HC　③ PM(粒狀污染物)　④ NOₓ。

(②) 88. 直接影響柴油引擎發生笛塞爾爆震的原因是
　　　　①噴射太晚　②噴射太早　③燃料十六烷值太高　④燃料含硫量太低。

　解　柴油引擎發生笛塞爾爆震的原因與汽油引擎不同，汽油引擎爆震原因多為點火時間太早或是燃燒室積碳等，笛塞爾爆震的原因是因為噴油太早，致使汽缸內柴油粒(分子)聚積過多，當其中任何一個分子達到燃點而產生自燃時，瞬間會點燃所有柴油粒，同時爆炸，造成笛塞爾爆震，引擎會有敲擊聲。

(③) 89. 通常柴油引擎的排氣溫度與汽油引擎做比較時，兩者間
　　　　①大致相同　　　　　　　　　　　②沒有一定的溫度差
　　　　③在正常狀態下汽油引擎排氣溫度較高　④在正常狀態下汽油引擎排氣溫度較低。

(④) 90. 柴油引擎排出污染較為嚴重的成分是
　　　　① CO 與 HC　② CO 與 NOₓ　③ HC 與 NOₓ　④ PM(粒狀污染物)與 NOₓ。

(①) 91. 下列何者不是柴油引擎冒黑煙之原因？
　　　　①噴油正時延遲　②空氣濾芯阻塞　③噴油嘴霧化狀態不良　④噴射油量過多。

(②) 92. 柴油引擎冒黑煙的原因很多，但以下列那一種原因最為嚴重？
　　　　①噴油太晚　②噴油太早　③噴油太少　④噴射壓力太高。

(③) 93. 柴油引擎馬力不足的可能原因是
　　　　①預熱塞斷路　②氣門導管之油封不良　③空氣濾清器堵塞　④手動泵作用不良。

　解　① 預熱塞斷路會造成汽車不易起動。
　　　② 氣門導管油封不良會造成引擎下機油。
　　　④ 手動泵作用不良造成柴油引擎燃料系統低壓油路無法排放空氣。
　　　所以只有空氣濾清器堵塞會造成進氣量不足，氧氣太少而燃燒不完全，引擎無力現象。

(①) 94. 欲調整柴油引擎噴射量時可改變
　　　　①控制套與齒環之關係位置　　　②柱塞彈簧之彈力
　　　　③柱塞間隙　　　　　　　　　　④齒桿與齒環之嚙合位置。

　解　改變齒環與控制套的關係就可以改變柴油引擎噴油量。如下圖所示。

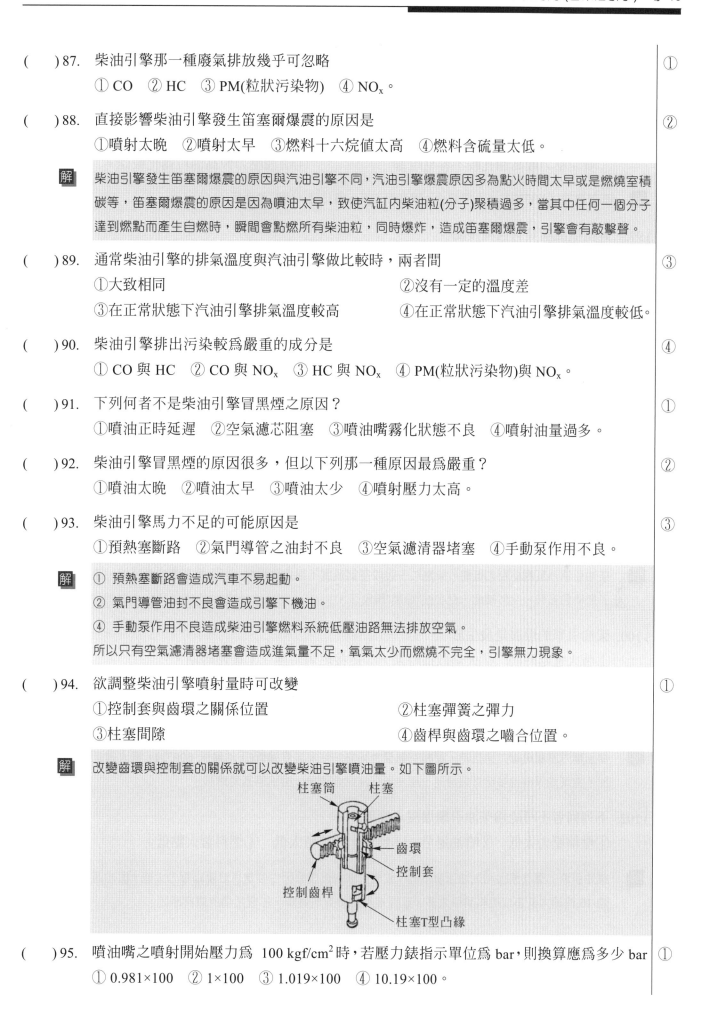

(①) 95. 噴油嘴之噴射開始壓力為 100 kgf/cm² 時，若壓力錶指示單位為 bar，則換算應為多少 bar
　　　　① 0.981×100　② 1×100　③ 1.019×100　④ 10.19×100。

解 單位換算：1kgf/cm² = 0.981Bar 或 1Bar = 1.019kgf/cm²
所以 100kgf/cm² = 0.981×100Bar = 98.1Bar。

(④) 96. 孔型噴油嘴具有何種優點
①油孔較細加工較容易 　　　　　②壓力較高故噴射泵潤滑較好
③噴油壓力較高油孔較不容易阻塞 　④噴油壓力較高油粒霧化較佳。

解 孔型噴油嘴的特性是：孔徑較小，噴油壓力高，霧化佳，燃料消耗低。

(①) 97. 針型噴油嘴具有何種優點
①噴油孔徑較大不容易受阻塞 　　　②噴油壓力較高噴霧狀態比孔型佳
③噴油壓力低但噴霧狀態比孔型佳 　④燃料消耗比孔型佳。

解 針型噴油嘴的特性是：孔徑較大，噴油壓力較低，所以霧化效果差，燃料消耗高。

(②) 98. 下列有關爆震方面之敘述，何者正確？
①會有金屬敲擊聲，是因汽缸內活塞與汽缸有拍擊現象
②火星塞未點火前，混合氣在燃燒室內某處先自燃也會產生爆震
③正庚烷之抗爆性比異辛烷佳
④汽油不易自燃之特性稱為抗爆性，是以十六烷數表示。

(③) 99. 下列敘述何者正確？
①汽油引擎進氣溫度低時爆震 　　　②柴油引擎燃料辛烷值低時爆震
③柴油引擎壓縮壓力低時會產生爆震 　④汽油引擎點火太晚時爆震。

解 柴油引擎汽缸壓縮壓力低時，柴油粒子吸收空氣溫度不易達到燃點，所以會延遲自然時間，等柴油例子愈積愈多時，突然被燃，便發生"爆震"現象了。

(②) 100. 柴油引擎的爆震是發生於
①著火遲延時期 　②火焰散播時期 　③直接燃燒時期 　④後燃時期。

(④) 101. 使著火遲延時期延長而發生笛塞爾爆震的因素是
①十六烷值過高 　②汽缸內溫度過高 　③汽缸內壓力過高 　④汽缸內壓力過低。

解 當引擎汽缸壓縮壓力過低時，壓縮空氣至上死點時空氣溫度過低(正常應達 600℃)，著火遲延時期增加，當柴油聚積過多突然爆發時，產生不正常燃燒現象，俗稱笛塞爾爆震。

(④) 102. 下列何者不可能為柴油引擎爆震之原因
①壓縮壓力太低 　②噴油過早 　③燃料十六烷值太低 　④燃料著火點低。

解 柴油引擎的爆震原因和汽油引擎不同，柴油引擎的爆震原因主要是汽缸壓縮壓力太低、噴油過早或柴油 16 烷值太低造成燃料累積太多，延遲被點燃後突然爆炸，形成所謂的爆震原因。

(　) 103. 下列有關柴油引擎直列式噴射泵之敘述，何者正確？　　　　②
　　　　　①調整挺桿螺絲而改變噴油量
　　　　　②轉動噴射泵柱塞而改變噴油量
　　　　　③挺桿滾輪磨損時噴射時期提早
　　　　　④柱塞彈簧彈力較弱時噴射壓力會降低。

(　) 104. 下列有關柴油引擎燃料系統之敘述，何者正確？　　　　③
　　　　　①調速器的適量裝置是在穩定慢車轉速
　　　　　②眞空調速器當眞空吸力減少時，控制使噴油量減少
　　　　　③ RQ 型調速器在引擎高、低速運轉時始有作用
　　　　　④引擎轉速增快時，自動正時器會自動延遲噴油時期。

(　) 105. 下列有關波細 VE 型噴射泵之敘述，何者錯誤？　　　　③
　　　　　①屬於高壓分配式泵
　　　　　②噴射泵主要擔任量油、加壓與分油之工作
　　　　　③噴射量的控制方法係由改變柱塞之進油量而控制
　　　　　④有一熄火電磁閥，於引擎熄火時將柱塞筒吸入口之燃料通路關閉。

(　) 106. 引擎扭力 10 kg-m，轉速 2150 rpm 時，其 PS 爲　①50　②40　③30　④20。　　　　③

解　公式：$H.P(馬力)=\dfrac{T(扭力)\times(轉速)}{716}$　　$H.P=\dfrac{10\times2150}{716}=30PS$。

(　) 107. 有一引擎的指示馬力(IHP)爲 120 hp，制動馬力(BHP)爲 100 hp，則引擎的機械效率爲多　　　　③
　　　　少　①1.2　②2.1　③0.83　④0.73。

(　) 108. 一個英制馬力(hp)等於　①75 kg　②4500 kg-m/min　③550 ft-lb/s　④3300 ft-1b/min。　　　　③

(　) 109. 有關一般汽油噴射系統之燃油供應，下列敘述何者有誤？　　　　②
　　　　　①無回油設計之燃油供應系統，主要目的是降低油箱內之燃油溫度，以減少油氣之蒸發
　　　　　②汽油油軌(Fuel Rail)內之油壓是固定不變
　　　　　③無回油設計之燃油供應系統，其油壓調節器置於油箱內
　　　　　④燃料供應最佳化之設計是依引擎之需求改變供油壓力。

(　) 110. 某汽油噴射引擎發動後無怠速，下列何者應優先檢查　　　　④
　　　　　①引擎電腦電源搭鐵　②大氣壓力感知器　③引擎轉速感知器　④燃油壓力。

(　) 111. 某燃油噴射引擎無法發動，下列何者應優先檢查　　　　①
　　　　　①引擎曲軸位置感知器　②進氣溫度感知器　③車速感知器　④爆震感知器。

(　) 112. 共軌式(Common Rail System)柴油引擎之噴射器噴射量的控制是採用　　　　②
　　　　　①控制噴射器壓力高低來決定　　　　　　②調整噴射器電磁閥開啓時間決定
　　　　　③利用共軌管壓力來調整　　　　　　　　④使用高壓噴射泵壓力控制。

解　共軌式柴油引擎之噴射器噴射量的控制與汽油引擎噴油嘴噴射量控制相同，均是控制噴射器的電磁閥
　　開啓時間來調整噴射量。

(　)113. 有關共軌式(Common Rail System)柴油引擎之高壓油控制方式，技師甲說：所有油壓集中　③
於共軌管中，透過壓力感知器調整壓力；技師乙說：共軌管上之限壓器是避免管內壓力過
高。何者正確？　①技師甲對　②技師乙對　③技師甲、乙皆對　④技師甲、乙皆錯。

(　)114. 有關共軌式(Common Rail System)柴油引擎燃料系統之敘述，何者正確？　③
①共軌裝置內柴油壓力約為 3 bar 左右
②共軌裝置內柴油壓力經常維持在 30bar
③共軌裝置被安裝在高壓油泵與各噴射器之間
④共軌裝置被安裝在供油泵與高壓油泵之間。

(　)115. 欲調整傳統柴油引擎噴射器噴射開始壓力時，技師甲說：鎖緊固定螺帽以調整噴射開始　④
壓力；技師乙說：更換彈力更強之彈簧；下列何者正確？
①技師甲對　②技師乙對　③技師甲、乙皆對　④技師甲、乙皆錯。

(　)116. 渦輪增壓引擎在低轉速到高轉速時，引擎輸出反應會延遲，這種現象被稱為　①
①渦輪遲滯(Turbo Lag)　②一次慣性力　③泵送損失(Pumping Loss)　④浪費性延遲。

(　)117. 某汽油噴射引擎，有時無法發動，有時發動後隨即熄火，有時發動時回火，下列何者應　③
優先檢查
①爆震感知器　②大氣壓力感知器　③凸輪軸位置感知器　④進氣溫度感知器。

(　)118. 同排氣量之柴油引擎與汽油引擎比較前者之優點為　①
①燃料消耗率低　②單位馬力重量輕　③平均有效壓力高　④同一排氣量馬力大。

解　柴油引擎空燃比最大可達到 200：1，汽油引擎最多為 18：1，所以同排氣量柴油引擎燃料消耗率較
汽油引擎低。

(　)119. 關於柴油性質之敘述下列何者錯誤？　③
①柴油著火性以 16 烷號數表示　　　　　②車用柴油之 16 烷號數為 40-60 號
③柴油黏度指數大者，對溫度變化較大　　④柴油的揮發性是由蒸餾試驗得知。

解　柴油黏度指數大者，對溫度變化較小，而不是較大。

(　)120. 柴油引擎各型燃燒室中，空氣利用率最差的是　④
①預燃燒室式　②渦流室式　③空氣室式　④敞開室式。

解　由於直接噴射室式燃燒室僅有主燃燒室，沒有預燃室設計，所以空氣利用率最差。

(　)121. 柴油黏度中 cSt 是用以表示　③
①公制絕對黏度單位　②英制絕對黏度單位　③公制動黏度單位　④英制動黏度單位。

(　)122. 柴油引擎噴射泵至噴油嘴間高壓油管長度不均，直接影響　②
①噴油壓力　②噴射正時　③噴油霧化　④噴油角度。

(　)123. 通常柴油引擎在全負載(最大噴油量)狀態下，其空氣過剩率是　②
①0.2～0.4　②1.2～1.4　③12～14　④120～140。

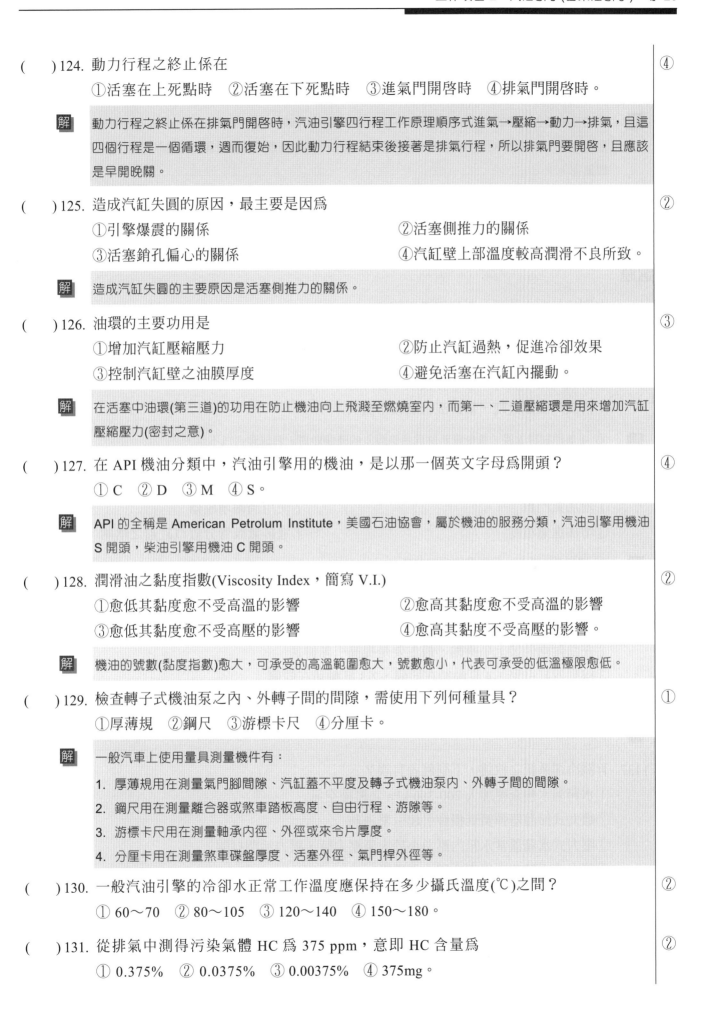

(　) 124. 動力行程之終止係在　　　　　　　　　　　　　　　　　　　　　　　　　④

①活塞在上死點時　②活塞在下死點時　③進氣門開啟時　④排氣門開啟時。

解　動力行程之終止係在排氣門開啟時，汽油引擎四行程工作原理順序式進氣→壓縮→動力→排氣，且這四個行程是一個循環，週而復始，因此動力行程結束後接著是排氣行程，所以排氣門要開啟，且應該是早開晚關。

(　) 125. 造成汽缸失圓的原因，最主要是因為　　　　　　　　　　　　　　　　　②

①引擎爆震的關係　　　　　　　　　　　②活塞側推力的關係

③活塞銷孔偏心的關係　　　　　　　　　④汽缸壁上部溫度較高潤滑不良所致。

解　造成汽缸失圓的主要原因是活塞側推力的關係。

(　) 126. 油環的主要功用是　　　　　　　　　　　　　　　　　　　　　　　　③

①增加汽缸壓縮壓力　　　　　　　　　　②防止汽缸過熱，促進冷卻效果

③控制汽缸壁之油膜厚度　　　　　　　　④避免活塞在汽缸內擺動。

解　在活塞中油環(第三道)的功用在防止機油向上飛濺至燃燒室內，而第一、二道壓縮環是用來增加汽缸壓縮壓力(密封之意)。

(　) 127. 在 API 機油分類中，汽油引擎用的機油，是以那一個英文字母為開頭？　④

① C　② D　③ M　④ S。

解　API 的全稱是 American Petrolum Institute，美國石油協會，屬於機油的服務分類，汽油引擎用機油 S 開頭，柴油引擎用機油 C 開頭。

(　) 128. 潤滑油之黏度指數(Viscosity Index，簡寫 V.I.)　　　　　　　　　　　②

①愈低其黏度愈不受高溫的影響　　　　②愈高其黏度愈不受高溫的影響

③愈低其黏度愈不受高壓的影響　　　　④愈高其黏度不受高壓的影響。

解　機油的號數(黏度指數)愈大，可承受的高溫範圍愈大，號數愈小，代表可承受的低溫極限愈低。

(　) 129. 檢查轉子式機油泵之內、外轉子間的間隙，需使用下列何種量具？　　　①

①厚薄規　②鋼尺　③游標卡尺　④分厘卡。

解　一般汽車上使用量具測量機件有：

1. 厚薄規用在測量氣門腳間隙、汽缸蓋不平度及轉子式機油泵內、外轉子間的間隙。

2. 鋼尺用在測量離合器或煞車踏板高度、自由行程、游隙等。

3. 游標卡尺用在測量軸承內徑、外徑或來令片厚度。

4. 分厘卡用在測量煞車碟盤厚度、活塞外徑、氣門桿外徑等。

(　) 130. 一般汽油引擎的冷卻水正常工作溫度應保持在多少攝氏溫度(℃)之間？　②

① 60～70　② 80～105　③ 120～140　④ 150～180。

(　) 131. 從排氣中測得污染氣體 HC 為 375 ppm，意即 HC 含量為　　　　　　②

① 0.375%　② 0.0375%　③ 0.00375%　④ 375mg。

( ) 132. 爆震感知器可感測汽油噴射引擎是否爆震，當爆震發生時，將點火時間如何調整以防止　③
爆震　①提前　②不變　③延遲　④有時提前有時延遲。

解　汽油引擎發生爆震的原因是因為燃燒室積碳或其他原因造成活塞上行壓縮至一半時，混合汽產生自燃
現象，爆炸的渦流向下正與活塞向上相撞擊而產生的巨大聲響，稱為爆震。要消除爆震可以將點火時
間延遲。

( ) 133. 渦輪增壓器(Turbo Charger)是利用何者來衝擊渦輪　③
①鼓風機　②進氣壓差　③排氣壓力　④壓縮機。

複選題

( ) 134. 有關排氣門之敘述，下列何者正確？　①
①排氣門在上死點後關閉，稱為晚關　②
②排氣門太早開，馬力會減小　③
③排氣門太早關時，引擎容積效率會降低
④排氣門關閉太晚，新鮮混合氣較不流失。

解　④　排氣門關閉太晚，會影響新鮮混合氣吸入的時間變短，造成混合汽不足。

( ) 135. 下列哪幾項可以提高容積效率？　①
①增加氣門數　②使用渦輪增壓器　②
③增加進氣溫度　④進排氣歧管分置汽缸蓋之兩側。　④

解　③　增加進氣溫度，反而容積效率愈低。

( ) 136. 有關曲軸之敘述，下列何者正確？　①
①曲軸之軸頸及軸銷接角處均製成圓弧形，以免應力集中而斷裂　③
②在曲軸兩側裝上平衡軸，最主要是提高引擎轉速　④
③線列四缸引擎 1-4 缸軸銷在同側，2-3 缸軸銷在同側
④線列六缸引擎點火順序一般用 1-5-3-6-2-4 或 1-4-2-6-3-5。

解　②　在曲軸兩側裝上平衡軸，最主要是高速旋轉時保持動力平衡，而不是提高引擎轉速。

( ) 137. 有關冷卻系統之敘述，下列何者有誤？　①
①水箱漏水檢查應加入 200-300 kPa 之壓縮空氣　②
②蠟丸式節溫器彈簧衰損會引起引擎過熱　③
③壓力式水箱蓋當水箱內壓力小於大氣壓力時，壓力活門打開
④壓力式水箱蓋會提高冷卻水之沸點。

解　①　水箱漏水檢查應加入 120～150kPa(1.2 kg/cm² ～1.5 kg/cm²)之壓縮空氣。
②　蠟丸式節溫器彈簧衰損，熱水會提早通過節溫器(水龜)，不會引起引擎過熱，反而會提前進入水箱
內散熱(冷卻)。
③　壓力式水箱蓋當水箱內壓力小於大氣壓力時，真空活門(瓣)打開，副水箱水被吸回進入主水箱內。

(　) 138. 下列敘述何者有誤？　　　　　　　　　　　　　　　　　　　①
　　　①引擎轉速越高，馬力越大，至最高轉速點時，馬力也最大　　③
　　　②同排氣量柴油引擎扭力曲線較汽油引擎平坦　　　　　　　　④
　　　③機械效率是摩擦馬力與指示馬力之比
　　　④摩擦馬力與引擎轉速成反比。

解　如圖扭力-馬力曲線圖，
　　① 引擎轉速越高，馬力並不是最大，至 2200rpm
　　　 之後，馬力反而變小。
　　③ 機械效率＝$\dfrac{\text{指示馬力－摩擦馬力}}{\text{指示馬力}}$。
　　④ 摩擦馬力與引擎轉速成正比。

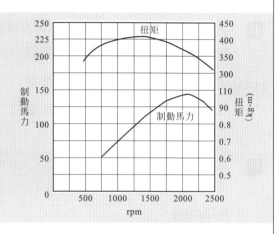

(　) 139. 有關容積效率之敘述，下列何者有誤？　　　　　　　　　　　①
　　　①柴油引擎容積效率比汽油引擎低　　　　　　　　　　　　　④
　　　②汽油引擎加裝渦輪增壓器，當有增壓作用時，容積效率可達 100%以上
　　　③進氣溫度越高，容積效率越低
　　　④氣門頭直徑越大，容積效率越小。

解　① 柴油引擎由於壓縮比(15：1～22：1)較汽油引擎(8：1～11：1)高，所以容積效率較汽油引擎高。
　　④ 氣門頭直徑越大，進氣量愈大，容積效率越高。

(　) 140. 相同排氣量之汽油噴射系統與化油器系統之比較，汽油噴射系統有哪幾項優點？　①
　　　①降低 CO、HC 及 NOₓ 之排放　　　　　②低溫起動性佳　　　　　②
　　　③引擎馬力提高，且扭力在高速時顯著增大　④須經常維修調整。　　③

解　汽油噴射引擎由於利用電腦控制噴油嘴噴油量，且維持在空燃比在 15：1 左右，所以有以下優點
　　1. 廢汽排放量減少
　　2. 低溫起動性能佳
　　3. 扭力、馬力提高
　　4. 燃燒完全且省油。
　　但是不會經常維修調整，反而較化油器引擎故障率低。

(　) 141. 下列何者為一般汽油噴射系統怠速控制閥之功能？　　　　　　②
　　　①送出怠速轉速訊號至 ECM　　　　　　②維持怠速穩定　　　　③
　　　③避免怠速時突然負載作用而熄火　　　④調節旁通空氣量。　　④

解　怠速空氣旁通閥(俗稱怠速控制閥，IAC)的功能有三：
　　①維持怠速穩定　②避免怠速時突然負載作用而熄火　③調節旁通空氣量。
　　但是不會送出怠速訊號至 ECM(電腦盒)，送出怠速轉速訊號是節氣門位置感知器(英文簡稱 TPS)。
　　附註：TPS = Throttle Position Sensor 節氣門位置感知器 ECM = Electronic Control Model 電子控制
　　　　　模組，即電腦盒。

(　　) 142. 使用觸媒轉換器應注意哪些事項？　③④

①需使用高辛烷值汽油

②火星塞跳火電壓過高時，觸媒轉換器會因溫度過高而損壞

③不可使用含鉛溶劑清潔燃料系統

④檢修時避免長時間拔下高壓線測試點火狀況。

> 解　③ 含鉛汽油會損壞觸媒轉換器，所有裝置觸媒轉換器車輛必須使用無鉛汽油。
>
> ④ 檢修時若長時間拔下高壓線測試點火狀況，由於導致燃燒不完全，遭致觸媒轉換器損壞。

(　　) 143. 造成汽油引擎爆震的原因可能是　①②

①混合氣太稀、燃燒室內局部過熱　　　②混合氣溫度太高

③點火時間太晚　　　　　　　　　　　④混合氣溫度過低。

> 解　③ 點火時間太早，才會造成爆震，太晚則引擎容易過熱。
>
> ④ 混合氣溫度過高才易造成爆震，即火星塞尚未點火時，由於混合氣溫度太高產生自燃現象，即俗稱爆震。

(　　) 144. 柴油車行駛時冒黑煙，其可能原因為　②④

①燃料混有水份　②噴油嘴不良　③噴射壓力太高　④噴射正時太早。

> 解　柴油車冒黑煙係燃燒不完全，可能原因為①噴油嘴噴射壓力太低②噴射正時太早。

(　　) 145. 有關使用 E3 燃料之敘述，下列何者正確？　①②④

①係添加 3% 之酒精至汽油中　　　　　②會減少 CO_2 排放

③可提昇引擎動力輸出　　　　　　　　④是一種含氧性燃料。

> 解　E3 燃料有下列特性：
>
> 1. 添加 3% 之酒精至汽油中。
>
> 2. 可減少 CO_2 排放。
>
> 3. 是一種含氧性燃料但並不能提昇引擎動力輸出，主要功用係減少 CO_2 排放，對於地球暖化有幫助而已。

(　　) 146. 有關汽油噴射引擎於起動時期其補助噴油量之決定要素之敘述，下列何者正確？　②③④

①吸入空氣量　　　　　　　　　　　　②吸入空氣溫度

③電瓶電壓　　　　　　　　　　　　　④冷卻水溫度。

> 解　汽油噴射引擎於起動時期，其補助噴油量之決定要素有三：
>
> ①吸入空氣溫度　②電瓶電壓　③冷卻水溫度。
>
> 但是吸入空氣量是引擎在正常工作溫度下決定噴油量的大小重要參數之一，即所謂 MAF 的功能。
>
> 附註：MAF = Manifold Air Flow Sensor 進氣歧管空氣流量感知器。

(　　) 147. 某技師於汽油噴射引擎運轉狀態下，量測燃油壓力發現油壓低於標準值，可能原因有哪些？　①②③

①汽油濾清器阻塞　　　　　　　　　　②油壓調節器不良

③汽油泵壓力釋放閥不良　　　　　　　④回油管破裂漏油。

解　在汽油噴射引擎運轉狀態下，量測燃油壓力發現油壓低於標準值，可能原因有三：
①汽油濾清器阻塞　②油壓調節器不良　③汽油泵壓力釋放閥不良。
但是回油管破裂與油壓太低無關。

(　) 148. 有關共軌式(Common Rail System)柴油引擎燃料系統之噴射正時之敘述，下列何者有誤？　①
③
④
①利用機械式離心正時器調整
②配合轉速與負荷利用電腦控制噴射器開啟時間
③藉由共軌管高壓油推動柱塞調節
④利用含氧感知器調整噴射時間。

解　① 利用機械式離心正時器調整噴油正時是傳統噴射泵的構造、功能，並非共軌式的正時。
③ 線列式柴油噴射泵係藉由齒桿及齒環來調整柱塞左右旋轉，因此可改變噴油量。
④ 含氧感知器可以調整噴油量而非噴射時間(正時)。

(　) 149. 有關超級柴油之敘述，下列何者有誤？　①
②
④
①適用於較高壓縮比之引擎　　　　　②會增加粒狀污染物之排放
③柴油含硫成分不能高過 10 ppm　　④加入 5%之生質柴油為主要成份。

解　① 超級柴油使用與引擎壓縮比高低無關。
② 超柴燃燒較完全，可降低粒狀污染物排放。
④ 超柴並未加入生質柴油。
附註：生質柴油係由植物種籽中提煉出的柴油。

(　) 150. 有關汽油噴射引擎電子節氣門之敘述，下列何者正確？　①
③
④
①電子節氣門主要是由節氣門、驅動馬達及節氣門位置感知器所組成
②節氣門的開度是僅由引擎負荷訊號決定
③引擎電腦會監測電子節氣門的動作，以避免作用不正常
④節氣門之開啟速度、開度，可隨操作狀態、引擎負荷等而改變。

解　節氣門的開度係由引擎負荷訊號及節氣門位置感知器(TPS)訊號所決定。

(　) 151. 柴油引擎與同一排氣量之汽油引擎比較，下列何者有誤？　①
③
④
①平均有效壓力高　　　　　　　　　②燃燒時壓力上升率低
③燃燒時壓力上升率相同　　　　　　④燃燒時壓力上升率高。

解　柴油引擎與同一排氣量之汽油引擎比較：
①平均有效壓力低　②燃燒時壓力上升率低
綜上，第①③④答案是〝錯誤〞的。

(　) 152. 多氣門引擎之設計，具下列哪幾項優點？　①
②
④
①可減輕氣門重量　　　　　　　　　②可減少氣門運動慣性損失
③可降低慢車轉速　　　　　　　　　④可提高扭力輸出。

解　多汽門引擎之設計，具備下列三個優點：
①可減輕氣門重量。　②可減少氣門運動慣性損失。　③可提高扭力輸出。
但是"降低慢車轉速"與多汽門無關，唯有多汽缸引擎動力重疊角度大，才能降低怠速(SLOW)。

(　) 153. 如圖所示有關可變進氣管斷面積及進氣管長度
控制式之敘述，下列何者正確？
①主進氣歧管的進氣道較長
②主進氣歧管的彎曲度較彎
③在副進氣歧管中設有控制閥
④在低速時控制閥會打開。

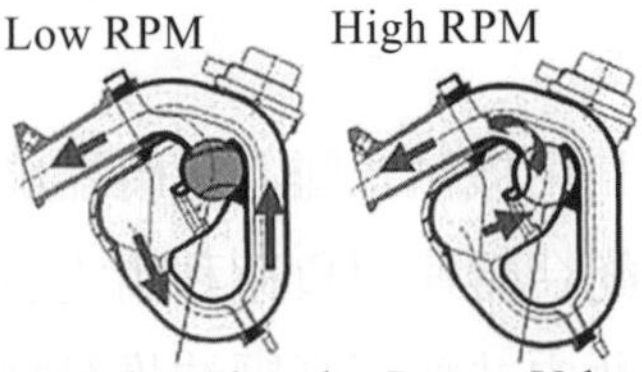

Low RPM　　High RPM

Rotary Valve Closed　Rotary Valve Opened

①
②
③

解　如圖所示，控制閥在「高速」時才會打開，低速時不會打開，亦沒有必要。

(　) 154. 有關可變進氣管設計之敘述，下列何者正確？
①在低速時會讓空氣流經管徑較小的進氣管
②在高速時會讓空氣流經長度較長的進氣管
③可增加低速時之進氣渦流
④可增加高速時之容積效率。

①
③
④

解　可變進氣管設計之優點有四：
1. 在低速時會讓空氣流經管徑較小的進氣管。
2. 在高速時會讓空氣流經長度較"短"的進氣管。
3. 可增加低速時之進氣渦流。
4. 可增加高速時之容積效率。
所以，答案②是錯誤的！

(　) 155. 有關汽油引擎缸內噴射系統之敘述，下列何者正確？
①其壓縮比設計都比一般汽油引擎為低　　②可明顯提高低速時扭力
③需採用稀薄燃燒技術　　　　　　　　　④採用垂直進氣，可促進燃燒效率。

②
③
④

解　汽油引擎缸內噴射系統特點有三：(缸內直噴引擎)
1. 可明顯提高低速時扭力。
2. 需採用稀薄燃燒技術。
3. 採用垂直進氣，可促進燃燒效率。
但是缸內直噴引擎它的壓縮比設計並不會比一般汽油引擎低。

(　) 156. 有關複合動力車之敘述，下列何者正確？
①屬於既環保又省油的車輛　　　　　　②能減少排氣污染
③行車安全性較高　　　　　　　　　　④能有效抑制全球性的溫室效應。

①
②
④

解　複合動力車(HYBRID)之敘述，由於是汽油噴射引擎與電動馬達合而為一，因此有下列三項優點：

1. 即環保又省油。

2. 一般在市區行駛使用電動馬達，可減少廢汽污染。

3. 廢汽減少，必能有效抑制溫室效應。

但是，行車安全性與引擎種類無關，而是取決於裝置 ABS、Air Bag 或 TCS 等車輛安全上的配備和設計有關。

(　) 157. 有關共軌式柴油噴射系統之敘述，下列何者有誤？　　　　　　　　　　　①
　　①是直接利用噴射泵產生的瞬間高壓來推開噴油嘴針閥　　　　　　　　　　②
　　②是直接利用電磁線圈的磁力將噴油嘴的油針上提而噴射　　　　　　　　　④
　　③可控制噴射器之噴射率
　　④共軌管的油壓在 10 MPa 以下。

解　① 直接利用噴射泵產生的瞬間高壓來推開噴油嘴針閥的是傳統型式噴射泵，例如線列式、迴轉式噴射泵，而不是共軌式噴射系統。

　　② 直接利用電磁線圈的磁力將噴油嘴的油針上提而噴射是「汽油引擎噴射系統」原理而非柴油共軌系統。

　　④ 共軌管的油壓在 10MPa 以上而非以下(10MPa≒100kg/cm²)。

(　) 158. 有關汽油噴射引擎之電動汽油泵之敘述，下列何者有誤？　　　　　　　　　①
　　①送油壓力較一般機械式汽油泵為大，通常高於 20 bar　　　　　　　　　　③
　　②點火開關 key-on 電動汽油泵即可供油，引擎較容易發動　　　　　　　　　④
　　③引擎熄火後，電動汽油泵會自動運轉數秒鐘然後停止，以建立系統油壓
　　④若泵體故障不良，通常予以分解並利用修理包更換內部元件。

解　① 電動汽油泵送油壓力在 35～45psi(2.5～3.2bar)，較一般機械式汽油泵大，約高出 2bar(2kg/cm²)而非 20bar(20kg/cm²)。

　　③ 引擎點火開關 ON 時(非熄火後)，電動汽油泵會自動運轉數秒鐘然後停止，以建立系統油壓。

　　④ 電動汽油泵若故障，一般是總成件整體更換新品，無法分解修理。

(　) 159. 有關潤滑系統之敘述，下列何者有誤？　　　　　　　　　　　　　　　　　①
　　①換裝機油濾清器時，使用油管板手旋得越緊越好，以防止漏油　　　　　　②
　　②檢查機油油面高度，應在正常工作溫度，且在怠速下量測　　　　　　　　④
　　③引擎起動後，若機油壓力太低，會使機油指示燈不熄滅
　　④當引擎剛大修後，應使用 SAE 號數較大的機油，以利引擎潤滑。

解　① 換裝機油濾清器時，拆卸時應使用特殊專用扳手(非油管扳手)，安裝時使用手旋緊即可，若使用扳手旋太緊墊圈容易破裂漏油。

　　② 檢查機油油面高度，應在暖車後，將引擎熄火並等待數分鐘後量測，決不可在怠速下進行。

　　④ 引擎剛大修後，應使用 SAE 號數較小的機油，號數愈小則愈稀，以利機油在油道內流動和潤滑。

(　) 160. 有關更換引擎機油與機油濾清器之敘述，下列何者有誤？　①②③

①引擎必須在冷車狀態下更換機油

②每次更換機油都必須依修護手冊規定換新的油底殼放油螺塞

③若機油呈污黑油泥狀，代表有水混入之現象

④ SAE 20 W 機油之黏度與 SAE 20 機油相同，但凝固點較低。

解　① 引擎必須在溫車狀態下更換機油，若冷車狀態機油油泥及雜質不易被稀釋帶出。

　　② 每次更換機油應依修護手冊更換新的放油螺塞「墊圈」而非螺塞。

　　③ 若機油呈污黑油泥狀，代表使用過久致機油變質應立即更換機油，水混入機油會呈現〝乳白色〞，俗稱乳化現象。

(　) 161. 有關潤滑系統之敘述，下列何者正確？　①②③

①機油黏度指數越高，表示適用範圍越廣

②機油黏度太大，則增加摩擦阻力且不易散熱

③不同廠牌機油各有不同添加劑，故不宜混合使用

④為使潤滑作用較佳，冬天採用黏度較大之機油，夏天採用黏度較小之機油。

解　④ 冬天氣溫低，應使用黏度較小之機油，例如 SAE10、20，夏天氣溫高，應使用黏度較大之機油，例如 SAE40、50。

(　) 162. 如圖所示為 ECU 內控制噴油嘴針閥之功率電晶體，下列何者正確？　①②③

①當 $V_{BE} > 0.7V$ 時，功率電晶體便導通

②當功率電晶體導通後噴油嘴內的針閥便開啟

③ B 端由 ECU 的噴油脈衝寬度(IPW)訊號控制

④ V_{BE} 電壓之大小由 C 極之電壓決定。

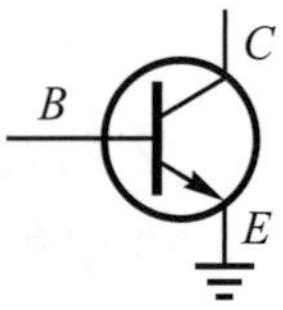

解　④ V_{BE} 電壓之大小由 ECU 的噴油脈衝寬度(IPW)訊號控制。

(　) 163. 進行安裝活塞時，下列敘述何者正確？　②③④

①第一壓縮環之開口可朝向進氣門位置

②第一壓縮環之開口不可朝向火星塞位置

③各活塞環開口不能成一直線，應相差 120～180°

④各活塞環開口不能置於與活塞銷垂直的方向。

解　① 安裝第一壓縮環之開口若朝向進氣門位置容易漏氣。標準開口位置詳如答案②③④。

(　) 164. 有關汽油噴射引擎燃料系統之敘述，下列何者有誤？　①②③

①汽油泵係由引擎凸輪軸驅動，用以提供系統油壓

②汽油泵內裝有釋放閥(relief valve)，用以保持系統管路內的殘壓

③脈動緩衝器(pulse damper)用來使燃料系統與進氣歧管之間的壓力差保持一定

④噴射器(injector)的噴油量係由噴射器通電時間來控制。

解　① 汽油噴射引擎的汽油泵係由馬達線圈轉動偏心轉子驅動，用以提供系統油壓。

　　③ 燃油壓力調整器才是用來使燃料系統與進氣歧管之間的壓力差保持一定。

(　) 165. 有關引擎排氣系統之敘述，下列何者正確？ ①③④
　　　　①排氣系統一般係由排氣歧管、排氣管、消音器及觸媒轉換器所組成
　　　　②排氣管係安裝在汽缸體(cylinder block)上，並與引擎排氣口連接
　　　　③消音器係用來降低排氣的壓力與噪音
　　　　④三元觸媒轉換器(TWC)用來減少廢氣中 NO_x、HC 及 CO 的含量。

　解　② 正確的說法是：排氣管係安裝在排氣歧管上，並與消音器相連接。

(　) 166. 有關直列式四缸汽油引擎之曲軸構造之敘述，下列何者正確？ ①②④
　　　　①一般使用三個或五個曲軸頸，用以安裝在汽缸體上
　　　　②有四個曲軸銷，用以組裝連桿總成
　　　　③ 1、2 缸的曲軸銷與 3、4 缸的曲軸銷各在同一平面上
　　　　④各曲軸頸及曲軸銷之間均有油道，使軸承能得到充分潤滑。

　解　③ 正確的說法是：第 1、4 缸的曲軸銷與 2、3 缸的曲軸銷各在同一平面上，即 1、4 缸與 2、3 缸活
　　　　塞同上和同下，例如：當第一缸活塞向上是壓縮行程時，第 4 缸活塞則在排氣行程。

(　) 167. 有關四行程四缸汽油引擎直接點火系統(Direct Ignition System，DIS)之敘述，下列何者有 ①②④
　　　　誤？
　　　　①以分電盤配電，對汽缸直接點火，可減少電路的複雜性
　　　　②只需要一個點火線圈，可減少點火線圈的數目
　　　　③能依引擎轉速變化調整點火正時
　　　　④因分火頭和分電盤蓋間的間隙較小，所以高壓電的能量損失較少。

　解　有關汽油引擎直接點火系統(Direst Ignition System，DIS)，敘述如下：
　　　① 取消傳統式電子分電盤控制點火時間及分配火花功能，直接在每一個火星塞上面裝置點火線圈，
　　　　由電腦(ECU)控制點火順序，所以沒有傳統分電盤左右旋轉來調整點火正時提前或延後。
　　　② 目前市面上車型在每一個火星塞上面均裝有點火線圈的是 NISSAN CEFIRO 車……等，每二缸共
　　　　有一個點火線圈的有 MITSUBISHI VIRAGE 車型。直接點火系統(DIS)若有車速感知器或曲軸位置
　　　　感知器，可依引擎轉速變化來調整點火正時。
　　　基於以上綜述，答案第①②④錯誤，僅③正確。

(　) 168. 有關迴轉活塞式引擎之敘述，下列何者有誤？ ①②③
　　　　①設置有氣門機構，用來控制進排氣
　　　　②在轉子殼上設置有三個火星塞
　　　　③在轉子殼上每隔 120°設置兩個火星塞
　　　　④三角形轉子轉一圈，每個活塞面皆產生一次動力。

解 如下圖所示，迴轉活塞式有下列特點：

① 迴轉活塞式引擎有轉子殼室，裝有 2 個火星塞孔及進、排汽口，無汽門機構。

② 轉子室內有 2 只火星塞，有 2 組獨立的點火系統提供高壓電，一只在上死點點火，另一只在上死點後 5 度點火。(如圖裝置在右邊同側)

③ 曲面三角形的活塞沿汽缸壁迴轉一週，每個活塞面產生一次的進汽壓縮、動力及排汽，所以迴轉一圈產生三次動力。

綜上所述，答案①②③均錯誤，僅④正確。

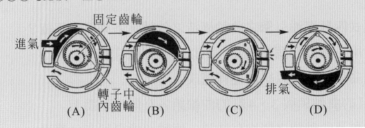

固定齒輪　進氣　轉子中內齒輪　排氣
(A)　(B)　(C)　(D)

( ) 169. 有一個單缸 125 cc 之四行程汽油引擎，已知壓縮比為 10、缸徑為 5 公分，下列何者正確？ ①

①此引擎的行程為 6.4 公分　　②此引擎的燃燒室體積為 13.9 cc ②

③此引擎的連桿長為 3 公分　　④此引擎的燃燒室體積為 12.5 cc。

 解 定義：壓縮比

$$(C.R)=\frac{活塞位移容積+燃燒室容積}{燃燒室容積}=\frac{\frac{\pi}{4}d^2\times L_1+\frac{\pi}{4}d^2\times L_2}{\frac{\pi}{4}d^2\times L_2}=\frac{L_1+L_2}{L_2}=\frac{A+B}{A}$$

$$\therefore C.R=\frac{L_1+L_2}{L_2}\cdots\cdots①式$$

先求 $L_1\Rightarrow$ 活塞位移容積$(B)=\frac{\pi}{4}d^2\times L_1$，$125=\frac{\pi}{4}\times 5^2\times L_1$

$$L_1=\frac{125\times 4}{25\times\pi}=6.37\fallingdotseq 6.4\ 公分$$

再由①式 $10=\frac{6.4+L_2}{L_2}$

$\therefore L_2=0.7$ 公分

燃燒室容積$(A)=\frac{\pi}{4}d^2\times L_2=\frac{\pi}{4}\times 5^2\times 0.7\fallingdotseq 13.9$ 立方公分(c.c)。

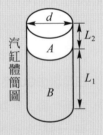

汽缸體簡圖

( ) 170. 有關四行程往復式活塞引擎其活塞與曲軸運動之敘述，下列何者有誤？ ①

①活塞行程等於曲軸臂的長度 ②

②活塞於行程中點時，活塞慣性變化最大 ④

③活塞於上死點位置時，速度為零

④曲軸旋轉二圈，活塞上下各一次。

解 四行程往復式活塞引擎其活塞與曲軸運動之敘述如下：

① 活塞行程等於曲軸臂長度的 "2 倍"。

② 活塞於行程的 "上死點" 時，活塞慣性變化最大。

③ 活塞於上死點時，速度為零。

④ 曲軸旋轉二圈，活塞完成進氣、壓縮、動力及排氣四個行程，活塞上下各 "2" 次。

基於以上綜述：答案第①②④錯誤，僅③正確。

(　) 171. 有關往復式四行程汽油引擎之基本原理之敘述，下列何者正確？ 　①
　　　①引擎的工作循環依序爲進氣、壓縮、動力及排氣，曲軸旋轉二轉完成一個工作循環 　③
　　　②爲了配合引擎氣門的啓閉，曲軸每旋轉二轉，凸輪軸旋轉 1/2 轉
　　　③爲了增加引擎容積效率，進、排氣門均有早開晚關
　　　④在進氣末期與排氣初期，有段期間進、排氣門均在開啓狀態，稱爲氣門重疊。

　　　解　第②④錯誤如下：
　　　② 爲了配合引擎氣門的啓閉，曲軸每旋轉 2 轉，凸
　　　　 輪軸旋轉〝1 轉〞。(非 1/2 轉)。
　　　④ 如下列氣門正時圖，進、排氣門均早開晚關，且
　　　　 在進氣〝初〞期早開及排氣〝末〞期晚關，造成
　　　　 氣門重疊期。

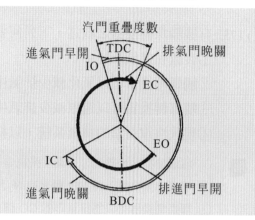

(　) 172. 有關火星塞之敘述，下列何者有誤？ 　①
　　　①冷型火星塞的散熱路線長，中央電極溫度高，較適用於低負荷的引擎 　②
　　　②火星塞的中央電極需導電性良好，所以採用鋁合金製成 　③
　　　③四行程引擎所用的火星塞沒有區分爲熱型火星塞或冷型火星塞
　　　④假設引擎的原廠設定爲冷型火星塞，若使用熱型火星塞，則引擎容易產生預燃。

　　　解　火星塞芯寬而短的，散熱較快，屬於冷型火星塞，中央電極瓷芯細而長，稱熱型火星塞。火星塞電極
　　　溫度應在 900℉〜1500℉，太低易生積碳或上油，太高容易預燃。
　　　④原廠設定爲冷型火星塞，若使用熱型火星塞，則易生積碳或上油，反之，原設定爲熱型火星塞，卻
　　　使用冷型火星塞，才會預燃。

(　) 173. 有關汽油噴射系統的分類之敘述，下列何者正確？ 　②
　　　①循序噴射(或稱順序噴射)是依照各缸的排列順序來進行噴油 　③
　　　②缸內噴射於燃燒室內直接進行噴油 　④
　　　③間歇噴射的噴油壓力是固定的，由噴油時間來控制噴油量的多寡
　　　④質量流計量式(Mass flow metering)之噴射引擎，直接以空氣流量計(或稱空氣流量感知
　　　　器)測量引擎之進氣量。

　　　解　①循序噴射(或稱順序噴射)是依照各缸的〝點火順序〞來進行噴油，一般是 1-3-4-2，或 1-2-4-3 順序。

(　) 174. 有關點火系統中產生的點火信號之敘述，下列何者有誤？ 　②
　　　①磁力式電子點火系統產生的點火訊號，其電壓大小與引擎轉速有關 　③
　　　②霍爾式電子點火系統產生的點火訊號，其電壓大小與引擎轉速有關
　　　③光電式電子點火系統產生的點火訊號，其電壓大小與引擎轉速有關
　　　④電容放電式電子點火系統產生的點火訊號，其電壓大小與引擎轉速有關。

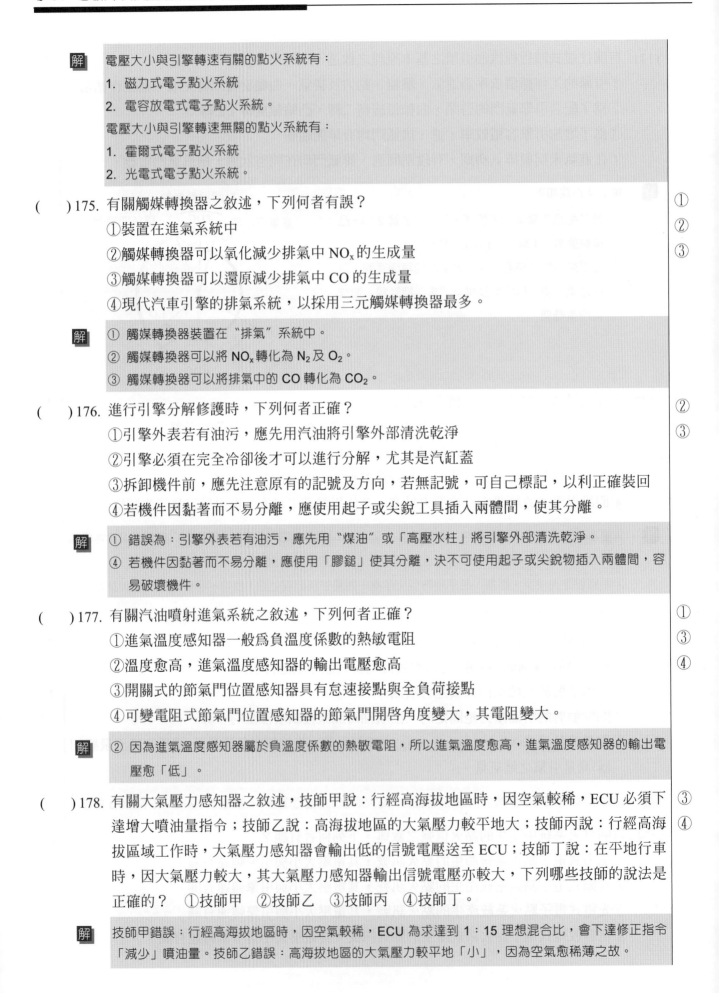

解　電壓大小與引擎轉速有關的點火系統有：

1. 磁力式電子點火系統
2. 電容放電式電子點火系統。

電壓大小與引擎轉速無關的點火系統有：

1. 霍爾式電子點火系統
2. 光電式電子點火系統。

(　) 175. 有關觸媒轉換器之敘述，下列何者有誤？　①②③

①裝置在進氣系統中

②觸媒轉換器可以氧化減少排氣中 NO_x 的生成量

③觸媒轉換器可以還原減少排氣中 CO 的生成量

④現代汽車引擎的排氣系統，以採用三元觸媒轉換器最多。

解　① 觸媒轉換器裝置在〝排氣〞系統中。

② 觸媒轉換器可以將 NO_x 轉化為 N_2 及 O_2。

③ 觸媒轉換器可以將排氣中的 CO 轉化為 CO_2。

(　) 176. 進行引擎分解修護時，下列何者正確？　②③

①引擎外表若有油污，應先用汽油將引擎外部清洗乾淨

②引擎必須在完全冷卻後才可以進行分解，尤其是汽缸蓋

③拆卸機件前，應先注意原有的記號及方向，若無記號，可自己標記，以利正確裝回

④若機件因黏著而不易分離，應使用起子或尖銳工具插入兩體間，使其分離。

解　① 錯誤為：引擎外表若有油污，應先用〝煤油〞或「高壓水柱」將引擎外部清洗乾淨。

④ 若機件因黏著而不易分離，應使用「膠鎚」使其分離，決不可使用起子或尖銳物插入兩體間，容易破壞機件。

(　) 177. 有關汽油噴射進氣系統之敘述，下列何者正確？　①③④

①進氣溫度感知器一般為負溫度係數的熱敏電阻

②溫度愈高，進氣溫度感知器的輸出電壓愈高

③開關式的節氣門位置感知器具有怠速接點與全負荷接點

④可變電阻式節氣門位置感知器的節氣門開啓角度變大，其電阻變大。

解　② 因為進氣溫度感知器屬於負溫度係數的熱敏電阻，所以進氣溫度愈高，進氣溫度感知器的輸出電壓愈「低」。

(　) 178. 有關大氣壓力感知器之敘述，技師甲說：行經高海拔地區時，因空氣較稀，ECU 必須下達增大噴油量指令；技師乙說：高海拔地區的大氣壓力較平地大；技師丙說：行經高海拔區域工作時，大氣壓力感知器會輸出低的信號電壓送至 ECU；技師丁說：在平地行車時，因大氣壓力較大，其大氣壓力感知器輸出信號電壓亦較大，下列哪些技師的說法是正確的？　①技師甲　②技師乙　③技師丙　④技師丁。　③④

解　技師甲錯誤：行經高海拔地區時，因空氣較稀，ECU 為求達到 1：15 理想混合比，會下達修正指令「減少」噴油量。技師乙錯誤：高海拔地區的大氣壓力較平地「小」，因為空氣愈稀薄之故。

(　) 179. 鋯材質 HO_2S 回饋控制電路若排氣中 O_2 含量太高，下列何者有誤？　　②
　　　　①表示混合比太稀　　　　　　　　　　　　　　　　　　　　　　　　　　③
　　　　② O_2 感應電動勢將 > 450 mV　　　　　　　　　　　　　　　　　　　　④
　　　　③回饋電路將下達減少噴油量之指令
　　　　④排氣中的 O_2 含量與 HO_2S 感應電動勢成正比。

　解　② 由於 O_2 含量與 HO_2S 感應電動勢成反比，所以 O_2 含量太高，O_2 感應電動勢將＜450mV。
　　　③ 排氣中的 O_2 含量太高，表示噴油量太少，導致與空氣燃燒後 O_2 過剩，此時應通知 ECU 下達「增加」噴油量指令才對。

(　) 180. 有關機械效率之敘述，下列何者正確？　　　　　　　　　　　　　　　　①
　　　　①機械效率恆小於 1　　　　　　　　　　　　　　　　　　　　　　　　②
　　　　②摩擦馬力愈大，機械效率愈小　　　　　　　　　　　　　　　　　　　④
　　　　③若使用增壓器，可使引擎的機械效率>1
　　　　④某引擎之機械效率為 0.8，若指示馬力為 50 PS，則制動馬力應為 40 PS。

　解　③ 錯誤為：若使用增壓器(Turbo Charger)，只會增加引擎之容積效率，不會增加機械效率，且機械效率不可能大於 1。

(　) 181. 有關水冷式冷卻系統之敘述，下列何者有誤？　　　　　　　　　　　　　①
　　　　①若節溫器閥門無法關閉將導致引擎過熱　　　　　　　　　　　　　　　②
　　　　②引擎的工作溫度是指下水管水溫溫度　　　　　　　　　　　　　　　　④
　　　　③水箱的主要功能為散熱
　　　　④引擎未達工作溫度前，節溫器的閥門是開啟的。

　解　① 錯誤：若節溫器閥門無法關閉，熱水會直接通過節溫器到水箱去散熱。
　　　② 引擎的工作溫度一般是指上水管(熱水管)水溫溫度。
　　　④ 引擎未達工作溫度前，節溫器的閥門是〝關閉〞的，要水溫達到工作溫度(約 75℃～85℃)，節溫器閥門才會打開，熱水才會進入水箱內散熱。

(　) 182. 下列敘述何者有誤？　　　　　　　　　　　　　　　　　　　　　　　　①
　　　　①供應較濃的混合氣，易使排出的 NO_x 值明顯升高　　　　　　　　　　②
　　　　②供應較濃的混合氣，易使排出的 CO 及 HC 值明顯減少　　　　　　　③
　　　　③燃燒速度慢，易使 NO_x 排放量減少
　　　　④點火正時提早會增加 NO_x 排放量。

　解　① 供應較濃的混合氣，代表汽油比空氣多，混合比約 12：1～13：1，此時排出的「CO 及 HC」值明顯升高。所以答案②也是錯的。
　　　③ 燃燒速度慢及點火正時提早，都會造成燃燒室過熱及溫度太高，導致 NO_x 值增加，所以答案③是錯的，反而④是對的。

(　) 183. 檢查氣門彈簧應測量下列哪幾項？　　　　　　　　　　　　　　　　　　①
　　　　①直角度　　　　　　　　　　　　　　②自由長度　　　　　　　　　　②
　　　　③硬度　　　　　　　　　　　　　　　④彈力。　　　　　　　　　　　④

> 解 氣門彈簧試驗器可測量下列三項性能：
>
> 1. 直角度。
> 2. 自由長度。
> 3. 彈力。
>
> 但無法量測硬度，量測硬度要使用「硬度試驗儀」才行。

( ) 184. 下列敘述何者正確？ ① ② ③
①活塞環以鑄鐵為材料是因其耐磨且能長久保持原有彈性
②鋁合金活塞表面經氧化處理，其表層之氧化鋁，能提高吸油性，減少磨損
③安裝活塞總成時，汽缸壁上應先加一些機油
④活塞裙部部分切除，可減輕重量，切除部分是在推力面下方處。

> 解 ④ 錯誤在於：活塞裙部部分切除，可減輕重量，由於考慮在動力行程時活塞承受的力量，所以切除
> 部分是在「壓縮面」的下方，而非推力(動力衝擊)面。

( ) 185. 下列敘述何者正確？ ① ② ④
①汽車行駛海拔高度越高，引擎馬力越小
②大氣中濕度大時引擎馬力降低
③汽油引擎排氣量不變，加大行程比加大缸徑，更容易產生爆震
④引擎轉速過了最大扭力的轉速點後隨著轉速繼續升高，容積效率會越來越低。

> 解 ③ 錯誤在於：
>
> 排氣量(C.C)的定義=活塞自上死點移至下死點的容積= $\frac{\pi}{4} d^2 \times L_1$。
>
> 然而爆震與壓縮比有關，壓縮比愈大愈易產生爆震。
>
> 壓縮比(C.R)定義= $\dfrac{汽缸全容積}{燃燒室容積} = \dfrac{A+B}{A} = \dfrac{L_1+L_2}{L_2}$。
>
>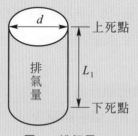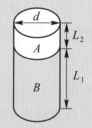
>
> 圖 1：排氣量　　　　　　　　圖 2：壓縮比
>
> ∴當排氣量不變時，加大缸徑 d，則 L_2 會變更小，L_1 變更小，則壓縮比會降低。反之，L_1 變大時，
> 壓縮比會提高，但不一定會有爆震，汽油引擎爆震的產生主要和提前點火及引擎過熱有關。

( ) 186. 有關引擎性能之敘述，下列何者正確？ ① ② ③
①馬力是功率的單位
②正確的氣門間隙，可得較佳之容積效率
③每一馬力小時的耗油量愈低，熱效率愈高
④制動平均有效壓力最低時，即為最大扭力輸出。

> 解 ④錯誤：制動平均有效壓力最「高」時，即為最大扭力輸出。

(　) 187. 如圖所示有關霍爾式曲軸位置感知器之敘述，下列何者正確？　①③④

①輸出波型爲方型波

②輸出電壓與轉速成正比

③轉速升高時，其輸出頻率會變高

④主要結構有霍爾電塊及永久磁鐵。

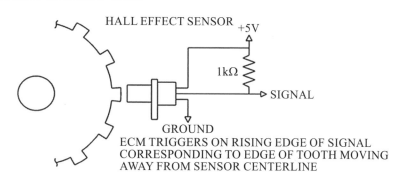

解　②錯誤：霍爾式曲軸位置感知器的輸出電壓與轉速成「反」比。

(　) 188. 下列敘述何者正確？　①②③

①活塞環磨損會使引擎機油消耗量增加

②活塞環中之壓縮環，除作密封外，尚有刮油作用

③活塞環與槽間之間隙過大上機油時，油底殼內之機油會逐漸減少

④拆下活塞，發現活塞頂部設計成凹下，其目的是減輕活塞重量。

解　④ 錯誤：拆下活塞，發現活塞頂部設計成凹下，其目的是「造成燃燒室容積增大」而非減輕活塞重量。

(　) 189. 下列敘述何者正確？　①②④

①點火時間越早時，NO_x 排放越多

②燃燒溫度越高時，NO_x 排放越多

③混合比越濃時，NO_x 排放越多

④燃燒室改良混合氣渦流強時，NO_x 排放越少。

解　③ 錯誤：當混合比越濃時，表示汽油比空氣多，混合比在 12：1～13：1 之間，此時排放的「CO 及 HC」較多，NO_x 只有在燃燒溫度過高時才會產生。

(　) 190. 有關磁波線圈式曲軸位置感知器之敘述，下列何者正確？　②③

①電腦會提供 5 V 的電壓

②感知器輸出電壓與轉速成正比

③轉速升高時，其輸出頻率會變高

④輸出波型爲方型波。

解　磁波線圈式曲軸位置感知器：電腦(ECU)會提供 12V 的電壓及輸出波型為正弦波，不是方波，所以①④錯誤。

(　) 191. 有關汽油引擎燃料消耗率之敘述，下列何者有誤？　①②④

①燃料消耗率即為引擎熱效率　　　　②引擎轉速越高，燃料消耗率越低

③冷卻水溫度太低會增加燃料消耗率　　④輸出馬力越高，燃料消耗率越低。

 ① 錯誤：燃料消耗率的定義是引擎輸出每馬力小時所消耗之燃油重量。引擎熱效率的定義是引擎可以產生機械能做功之能量與熱源可提供的總能量的比。

② 錯誤：由下圖可知，引擎轉速愈高，不一定燃料消耗率愈低，燃料消耗率最低時，是在引擎扭力值最大之處。

④ 如下圖馬力－扭力圖所示：馬力最高值時已經超越扭力最大值了，只有在轉速 1500 左右，扭力值最大時，油耗最低，所以馬力越高，燃料消耗率不是最低。

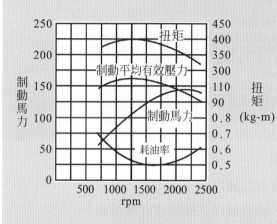 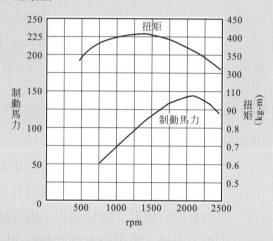

註：扭力與燃料消耗率曲線圖

(　) 192. 如圖所示為引擎活塞的典型剖面圖，假設在活塞銷轂方向的尺寸為 A，與活塞銷轂垂直方向的尺寸為 B，活塞頂部尺寸為 C，活塞裙底部尺寸為 D，假設活塞溫度為 25℃，下列敘述何者正確，最接近大部分汽油引擎的活塞尺寸關係？　①④

①A＜B　②A＞B　③C＞D　④C＜D。

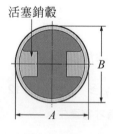 

 ① 正確：因為要考慮活塞的動力衝擊面及壓縮推力面，所以 B＞A。

④ 正確：考量活塞頂面溫度高，要預留膨脹空間，所以 C＜D。

(　) 193. 有關汽車用液化石油氣燃料系統之敘述，下列何者正確？　②③④

①其辛烷值比汽油略低，故引擎出力降低

②車用 LPG 主要以丙烷與丁烷混合而成

③LPG 蒸發器可利用引擎冷卻水的熱量，來提供其揮發潛熱之需

④LPG 燃料箱的出口，由電磁閥來控制開關。

 ① 錯誤：液化石油氣(LPG)的辛烷值 110 比汽油高，汽油辛烷值目前有三種：92、95、98，均較 110 為低。辛烷值越高，抗爆震程度即越高。

(　) 194. 有關複合動力車之敘述，下列何者正確？　①③④

①在低速行駛時，由電動馬達驅動汽車前進

②電動馬達在高速時的動力輸出效果較佳

③在急加速時，引擎提供額外的動力

④在煞車再生模式時，電動馬達會變成發電機。

> 解　② 錯誤：混合動力車(HYBRID)，電動馬達在高速時的動力輸出通常要搭配電腦噴射引擎來一起推動車輛行駛，所以動力輸出效果不是最佳。

(　) 195. 有關共軌式(Common Rail System)柴油引擎燃料系統，電腦控制噴油有哪幾項？　②③④

①噴射角度　　　　　　　　　　　　②噴射率

③噴射壓力　　　　　　　　　　　　④噴射正時。

> 解　共軌式(Common Rail System)柴油引擎燃料系統，電腦控制噴油的項目有：
>
> 1.噴射率　　2.噴射壓力　　3.噴射正時
>
> 但是噴射角度是由噴油嘴來角度，所以答案①錯誤。

(　) 196. 有關無分電盤式點火系統之敘述，下列何者正確？　①②④

①可以採用兩對應汽缸的火星塞共用一個點火線圈

②可以採用每一個點火線圈只連接一個汽缸的火星塞

③若兩對應汽缸的火星塞共用一個點火線圈，這兩個火星塞不會同時跳火

④若每一個點火線圈只連接一個汽缸的火星塞，點火線圈與火星塞裝在一起，可以省略高壓線。

> 解　③ 錯誤：無分電盤式點火系統(例如：三菱 LANCER、VIRAGE 車)若兩對應汽缸的火星塞共用一個點火線圈，這兩個火星塞 “會” 同時跳火，2 個對應汽缸指的是 1-4 和 2-3 缸，當第 1 缸點火時上死點，第 4 缸在排氣上死點，雖然火星塞也跳火，但廢氣是無法產生爆發燃燒的，屬於「無效」的點火。

(　) 197. 有關目前小型車汽油引擎冷卻系統之運作，下列敘述何者有誤？　②③④

①水泵通常由引擎曲軸驅動

②水箱上水管為引擎水套之入水管，下水管則為引擎水套之出水管

③節溫器係依據水溫感知器之訊號，控制其開閉作用與開度大小

④引擎水套僅設計於汽缸體中，以提供冷卻水循環管道。

> 解　② 錯誤：水箱上水管為引擎水套之「出水管」，下水管為引擎水套之「入水管」。
>
> ③ 錯誤：節溫器(俗稱水龜)係依據「水溫高低」(裡面裝有蠟丸)來控制開閉作用與開閉大小。
>
> ④ 錯誤：引擎水套不僅設計在汽缸體中，還設計在「汽缸蓋內部」，因為爆發行程中，溫度最高之處在燃燒室，所以汽缸蓋內一定要有水套以便於散熱。

(　) 198. 有關汽油引擎汽缸動力平衡測試，下列敘述何者有誤？　①②④

①動力平衡測試主要用以判斷各缸跳火電壓的高低

②若某一缸於測試時引擎轉速下降較其他缸為少，則可確定此缸壓縮壓力較低

③若某一缸於測試時引擎轉速無變化，則代表此缸無爆發作用

④引擎正常，缸數較多者於測試時其動力損失百分比(轉速變化率)通常亦較高。

解　① 錯誤：動力平衡測試主要用以判斷各缸「轉速的變化」藉以瞭解各缸的動力效能。

② 錯誤：若某一缸於測試時引擎轉速下降較其他缸為少，則可確定此缸轉速較它缸為低，但並不表示此缸壓縮壓力一定低，因為轉速還跟高壓導線電阻值及火星塞效能有關係。

④ 錯誤：引擎正常，缸數較多者於測試時其動力損失百分比由於「動力重疊角度大」，所以動力損失百分比(轉速變化率)通常亦較「低」。

(　) 199. 直列六缸四行程引擎之點火順序為 1-5-3-6-2-4；當第一缸動力行程剛開始時，下列何者正確？　① ②
①第五缸為壓縮行程活塞上行至 60°位置
②第三缸為進氣行程活塞下行至 120°位置
③第六缸為進氣行程活塞下行至 120°
④第二缸為壓縮行程活塞上行至 60°位置。

解　直列六缸四行程引擎之點火順序為 1-5-3-6-2-4，進氣、壓縮、動力及排氣的順序均為 1-5-3-6-2-4，按照相對缸理論，兩兩相對(即同上同下)的汽缸有：1 和 6，5 和 2，3 和 4。基於此，所以當第一缸動力行程剛開始時，第五缸在動力之前 1 個行程應為「壓縮行程活塞上行至 60°位置」(兩兩汽缸重疊角度 60°)，第三缸在壓縮之前一個行程應為「進氣行程活塞下行至 120°位置」，第六缸是「排氣行程」活塞下行至 120°，第二缸是「動力」行程活塞上行至 60°位置，所以①②正確，③④錯誤。

(　) 200. 有關空氣濾清器之敘述，下列何者正確？　② ④
①空氣濾清器若太髒，混合比會變稀
②若太久未清潔，引擎怠速會不穩定
③清潔乾式空氣濾清器之濾芯，壓縮空氣應由外往內吹
④若太久未清潔，引擎容積效率會降低。

解　① 錯誤：若空氣濾清器太髒，進氣量不足(O_2 不足)，會造成混合比(空氣／汽油)增濃，而不是變稀。

③ 錯誤：清潔乾式空氣濾清器之濾芯，壓縮空氣應由 "內" 向 "外" 吹，才會乾淨，若是濕式空氣濾清器之濾芯不需用壓縮空氣吹淨，只要每 20000 公里定期更換即可。

(　) 201. 有關節氣門位置感知器之敘述，下列何者正確？　② ③
①其電阻變化會與節氣門開度成反比
②在節氣門開度愈大時，其輸出電壓愈高
③其電阻變化會與節氣門開度成正比
④在節氣門開度愈大時，其輸出電壓愈低。

解　節氣門位置感知器(TPS)當節氣門開度越大時，它的可變電阻會變大，而依據 $V = IR$，電壓和電阻成正比，所以電壓亦會越大，因此①④錯誤，②③正確。

(　) 202. 使用真空錶測試引擎進氣歧管真空時，可以測試下列哪些故障？　① ② ④
①進氣歧管是否漏氣　　　　　　　　②排氣系統是否堵塞
③哪一缸活塞環磨損　　　　　　　　④汽門正時是否正確。

解　使用真空錶測試引擎進氣歧管真空時，可以測試三種故障：
①進氣歧管漏氣　②排氣系統堵塞　③汽門正時。
但是哪一缸活塞環磨損必須經由「汽缸壓力表」來測試才正確。

( ) 203. 如圖示為電子控制式噴射引擎進氣系統節氣門位置感
知器電路，下列敘述何者正確？
①點火開關 ON，量測 V_c 與搭鐵之電壓值應接近電瓶電
壓　②點火開關 ON，量測 V_{th} 與搭鐵之電壓值應隨節
氣門開度增加而增加　③點火開關 ON，節氣門全開量
測 V_c 與搭鐵之電壓值應接近 5 V　④點火開關 ON，量
測 E_2 接腳與搭鐵之電壓值應接近 0 V。

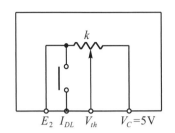

② ③ ④

解 如題目之圖示之所示，若點火開關 ON，量測 V_c 與搭鐵之電壓值應在 0.45～0.55 V 之間，此時節氣
門開度在怠速位置。

( ) 204. 如圖示為進行引擎試動之前應先調整氣門間隙，此時
須搖轉曲軸使皮帶盤正時刻度對正之位置，下列敘述
何者錯誤？
① 10° aTDC　　　② 0° aTDC
③ 10° bTDC　　　④ 20° bTDC。

① ③ ④

解 在進行引擎試動之前應先調整氣門間隙，此時須搖轉曲軸使皮帶盤正時刻度對正上死點(TDC)0°，即
活塞在第 1 缸的壓縮上死點，所以
① 上死點之後 10°。
③ 上死點之前 10°。
④ 上死點之前 20°均不對。
附註：TDC = Top Dead Center 上死點 a 表示 after 在…之後，b 表示 before 在…之前。

( ) 205. 如圖所示當點火開關 ON，且一、三號噴油嘴
停止噴油，二、四號噴油嘴噴油時，下列何
者正確？
① a_1 和 ECU26 號端子間電壓值為 12 V
② a_3 和 b_3 間電壓差為 0 V
③ a_2 和 ECU14 號端子間電壓值為 0 V
④主繼電器金屬接點鏽蝕時，可能造成電壓
降低。

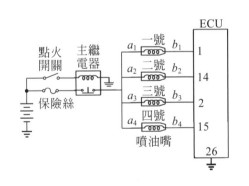

① ② ④

解 ③錯誤：a_2 和 ECU14 號端子間電壓應為 5V，而不是 0V。

( ) 206. 如圖示之冷卻風扇控制電路，其中繼電器是
NO 型，請問下列何者正確？
①冷卻液溫度低於風扇作用溫度時，水溫開
關斷開　②水溫開關接點生鏽接觸不良會使
風扇馬達停止運轉　③點火開關 IG ON，冷
卻水溫到達作用溫度時風扇仍會運轉　④繼
電器目的在於減少流經風扇馬達之電流。

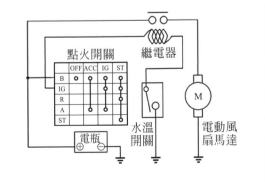

① ② ③

解　④　錯誤：繼電器目的在於用小電流去控制大電流，有保護風扇馬達之功用。

(　) 207. 汽油噴射引擎使用含氧感知器感測廢氣中含氧量，透過回饋控制來調整混合比，以提高　①
三元觸媒轉化器之處理效率，其控制迴路分閉迴路與開迴路，下列哪些情形下會執行開　③
迴路控制？　　　　　　　　　　　　　　　　　　　　　　　　　　　　　　　　　　④
①引擎啟動時及啟動後增量時　　　　　　②定速行駛節氣門變動率低時
③全負荷時　　　　　　　　　　　　　　④排氣溫度過低時。

解　含氧感知器執行開迴路(即不作動)之時機：
1. 引擎啟動時及啟動後增量時
2. 全負荷時
3. 排氣溫度過低時
因為以上三個時機，噴油量會增加，混合氣增濃(混合比少於 15：1)，所以不讓含氧感知器去修正噴
油量(開迴路)。

(　) 208. 實施引擎壓縮壓力試驗時，技師甲：做引擎汽缸壓縮壓力試驗時，必須將所有的火星塞　①
拆下。技師乙：為維持引擎正常運轉，在做引擎汽缸壓縮壓力試驗時，點火系統必須正　③
常工作。技師丙：在做引擎汽缸壓縮壓力試驗時，節氣門開度要全開。技師丁：若某一
汽缸之壓力大於標準值，表示該缸性能良好。針對技師甲、乙、丙、丁四人所敘述，何
者正確？　①技師甲　②技師乙　③技師丙　④技師丁。

解　在實施引擎汽缸壓縮壓力時，注意事項如下：
1. 必須將所有火星塞拆下，以避免引擎啟動和汽缸壓力釋出。
2. 點火系統先行關閉(IG S/W OFF)。
3. 進行汽缸壓縮壓力試驗時，節氣門全開。
所以技師甲、丙說法正確，技師丁敘述：若某一汽缸之壓力大於標準值，決不是代表該缸性能良好，
反而可能是排氣門彈簧彈力衰退，造成排氣不良而升壓之故。

(　) 209. 如圖示之引擎，下列何者為其優點？　　　　　　　　　　　　　　　　　　　　　　　①
①燃燒效率高　②構造簡單　③維修成本低　④省油。　　　　　　　　　　　　　　　④

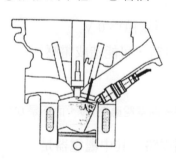

解　如題目圖示，活塞表面凸起且不規則狀，它的優點是造成燃燒時大的渦流(動)，使得燃燒完全且效率
高，更為省油。所以選則①④。

工作項目③　汽車底盤

單選題

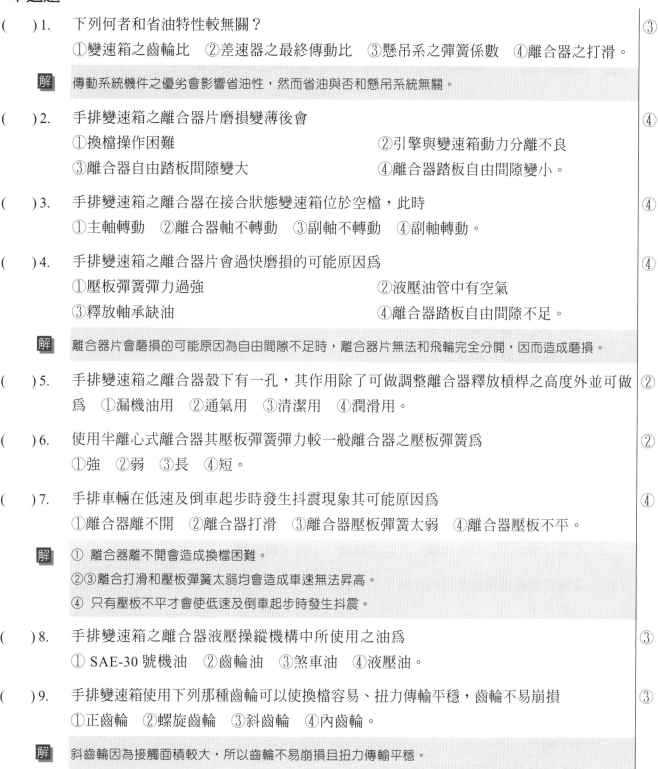

(　) 1.　下列何者和省油特性較無關？　　　　　　　　　　　　　　　　　　　　　③
　　　①變速箱之齒輪比　②差速器之最終傳動比　③懸吊系之彈簧係數　④離合器之打滑。

> 解　傳動系統機件之優劣會影響省油性，然而省油與否和懸吊系統無關。

(　) 2.　手排變速箱之離合器片磨損變薄後會　　　　　　　　　　　　　　　　　　④
　　　①換檔操作困難　　　　　　　　　　②引擎與變速箱動力分離不良
　　　③離合器自由踏板間隙變大　　　　　④離合器踏板自由間隙變小。

(　) 3.　手排變速箱之離合器在接合狀態變速箱位於空檔，此時　　　　　　　　　　④
　　　①主軸轉動　②離合器軸不轉動　③副軸不轉動　④副軸轉動。

(　) 4.　手排變速箱之離合器片會過快磨損的可能原因為　　　　　　　　　　　　　④
　　　①壓板彈簧彈力過強　　　　　　　　②液壓油管中有空氣
　　　③釋放軸承缺油　　　　　　　　　　④離合器踏板自由間隙不足。

> 解　離合器片會磨損的可能原因為自由間隙不足時，離合器片無法和飛輪完全分開，因而造成磨損。

(　) 5.　手排變速箱之離合器殼下有一孔，其作用除了可做調整離合器釋放槓桿之高度外並可做　②
　　　為　①漏機油用　②通氣用　③清潔用　④潤滑用。

(　) 6.　使用半離心式離合器其壓板彈簧彈力較一般離合器之壓板彈簧為　　　　　　②
　　　①強　②弱　③長　④短。

(　) 7.　手排車輛在低速及倒車起步時發生抖震現象其可能原因為　　　　　　　　　④
　　　①離合器離不開　②離合器打滑　③離合器壓板彈簧太弱　④離合器壓板不平。

> 解　①　離合器離不開會造成換檔困難。
> ②③離合打滑和壓板彈簧太弱均會造成車速無法昇高。
> ④　只有壓板不平才會使低速及倒車起步時發生抖震。

(　) 8.　手排變速箱之離合器液壓操縱機構中所使用之油為　　　　　　　　　　　　③
　　　①SAE-30 號機油　②齒輪油　③煞車油　④液壓油。

(　) 9.　手排變速箱使用下列那種齒輪可以使換檔容易、扭力傳輸平穩，齒輪不易崩損　③
　　　①正齒輪　②螺旋齒輪　③斜齒輪　④內齒輪。

> 解　斜齒輪因為接觸面積較大，所以齒輪不易崩損且扭力傳輸平穩。

(　) 10.　設變速箱離合器齒輪 15 齒，副軸齒輪 30 齒，副軸第一檔齒輪 14 齒，主軸第一檔齒輪 28　①
　　　齒則主軸減速比　①4：1　②3：1　③3.5：1　④1：1。

> 解　離合器軸與主軸轉數之比(或稱減速比)為 $\dfrac{30}{15} \times \dfrac{28}{14} = 4：1$。

(　)11.　手排變速箱動力傳送順序：　　　　　　　　　　　　　　　　　　　　　　　④

①離合器軸→主軸→副軸→傳動軸

②主軸→副軸→離合器軸→傳動軸

③離合器軸→副軸→傳動軸→主軸

④離合器軸→副軸→主軸→傳動軸。

解　變速箱的動力傳送順序如圖所示，應為離合器軸→副軸→主軸→傳動軸。

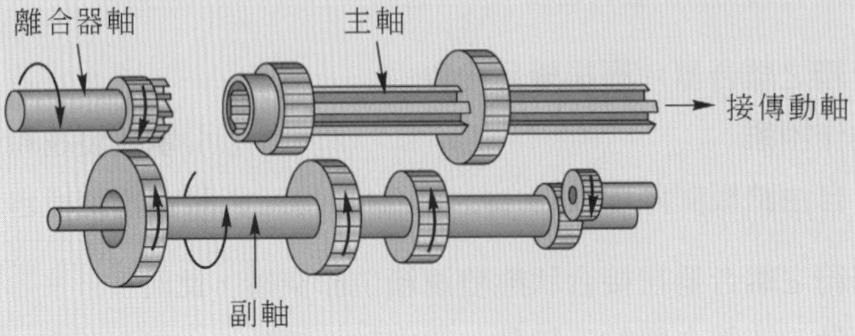

(　)12.　車輛引擎必須配備變速箱之主要原因：　　　　　　　　　　　　　　　　　　②

①引擎扭力變化範圍太大

②引擎扭力變化範圍太小

③引擎馬力變化範圍太大

④引擎熱能變化範圍太大。

(　)13.　手排變速箱副軸之止推墊片磨耗時，會影響下列何者？　　　　　　　　　　④

①縱向間隙

②齒隙

③背隙

④軸向間隙。

(　)14.　手排變速箱為避免使二組齒輪同時嚙合導致齒輪受損，故裝有一組　　　　　③

①定位機構　②同步機構　③連鎖機構　④等速銅錐體。

(　)15.　車輛裝用超速傳動其目的是為了　　　　　　　　　　　　　　　　　　　　③

①超車用

②使引擎轉速更高馬力更大

③使車輛在高速行駛時傳動軸比引擎轉得快

④使引擎在任何轉速時傳動軸比引擎轉得快。

(　)16.　直接傳動時，手排變速箱中的副軸　　　　　　　　　　　　　　　　　　　③

①不轉

②與離合器軸轉動方向相同

③與離合器軸轉動方向相反

④任意轉。

(　)17.　行星齒輪系中之太陽齒輪固定，環齒輪主動，行星齒輪架被動，此系統傳動狀態為　　②

①大減速　②小減速　③大加速　④直接傳動。

解　如下表所示，第 F 項中當太陽輪固定，環輪主動而行星架被動時為同方向小減速。

	圖形	條件					
		驅動(1)	被動(2)	固定	$\lambda = a/d$	$i = n_1/n_2$	
A		太陽輪	行星架	環輪	$1+\dfrac{1}{\lambda}$	$2 < I < \infty$	同方向
大減速							
B		太陽輪	環　輪	行星架	$-1/\lambda$	$-\infty < I < -1$	反方向
倒減速							
C		行星架	太陽輪	環輪	$\dfrac{1}{1+\lambda}$	$0 < I < \dfrac{1}{2}$	同方向
大加速							
D		行星架	環　輪	太陽輪	$\dfrac{1}{1+\lambda}$	$\dfrac{1}{2} < i < 1$	同方向
小加速							
E		環輪	太陽輪	行星架	$-\lambda$	$-1 < i < 0$	反方向
倒減速							
F		環輪	行星架	太陽輪	$1+\lambda$	$1 < I < 2$	同方向
小減速							
G	任一齒輪鎖在一起，則整個平行齒輪組成為一整體	1	同方向				
直接傳動							
H	環輪、太陽輪、行星架，若無任一固定，則無法傳動	0	空檔				

(②)18. 液體接合器之葉輪中央裝有內管，其功用是
　　①使扭力增加　　　　　　　　　　②消除油壓所產生渦流並減少動力損失
　　③使油液容易冷卻　　　　　　　　④油液流速增快。

(④)19. 液體接合器之主、被動葉輪中的葉片數目不相等，距離亦不同，主要可減少
　　①渦流　②干擾　③摩擦　④共振。

(②)20. 將行星齒輪系之任何兩齒輪鎖在一起，產生
　　①大加速　②直接傳動　③大減速　④小減速。

解　將太陽輪、環齒輪、行星架三者中，任二者鎖在一起，則三者成一體，即成為「直接傳動」，其減速比為 1：1。

( ) 21. 自動變速箱中之扭力變換器的構造，下列何者為正確　　　　　　　　　　　④
①無固定葉輪　　　　　　　　　　　　　②有一組行星齒輪
③大小直徑與液體接合器不同　　　　　　④有主動葉輪，被動葉輪和固定葉輪。

解　構造圖如下所示。

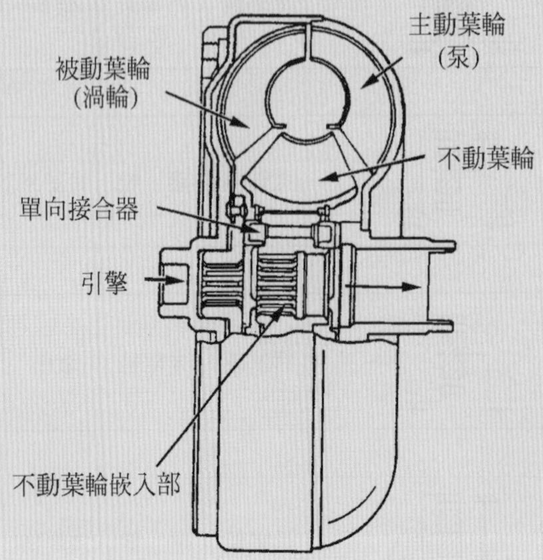

主動葉輪
(泵)
被動葉輪
(渦輪)
不動葉輪
單向接合器
引擎
不動葉輪嵌入部
液體扭矩變換接合器

註：摘錄自全華圖書「汽車學(二)」，圖 1-5,12。

( ) 22. 自動變速箱之變速比產生於下列那一部分　　　　　　　　　　　　　　　③
①液體接合器　②控制盒　③行星齒輪組　④前後泵。

( ) 23. 單行星齒輪組之行星齒輪架固定，太陽齒輪主動，環齒輪被動，則產生　③
①直接傳動　②倒車加速　③倒車減速　④空檔。

( ) 24. 車輛配備自動變速箱，在行駛中重踩油門之狀態下　　　　　　　　　　②
①提早升檔　②延遲換檔　③換檔時振動較低　④換檔時引擎無力。

( ) 25. 配備 PRNDL 檔位之自動變速箱在什麼情況下行駛應該用 L 的檔位　　　①
①重載上坡時　②市區道路行駛　③郊外高速行駛　④在高速公路行駛。

解　自排車在高速及一般道路，市區行駛時均用 D 檔即可，但在陡坡及負重上下坡時應用 L 檔位(固定在 1 檔)行駛較佳。

( ) 26. 自動變速箱若節流閥之油壓調整過高，則　　　　　　　　　　　　　　①
①升檔時機延後　②齒輪容易受損　③升檔時機提前　④跳檔頻繁。

( ) 27. 前輪驅動車輛所使用萬向接頭為何種型式　　　　　　　　　　　　　　③
①十字軸型　②耳軸型　③等速型　④撓性型。

( ) 28. 不等速萬向接頭的轉動波動變化由兩個萬向接頭來抵消，因此兩個萬向節端又必須裝置　②
成　①互成 90°　②同一平面　③互成 60°　④互成 45°。

( ) 29. 傳動軸傳輸動力時常因高速之旋轉而生振動，使其產生振動之轉速稱為　③
①最高轉速　②最低轉速　③臨界轉速　④安全轉速。

(　) 30. 後輪驅動式之差速器側齒輪(邊齒輪)止推墊圈如產生過度磨耗,車輛在那一種行駛狀況會 　④
使差速器產生異音
①直線平路行駛時　②使用煞車時　③下坡行駛時　④轉彎行駛時。

解　車輛轉彎行駛時由於離心力的作用,差速器之側齒輪承受很大的推力,再加上溫度磨耗而產生間隙,
自然會產生不悅耳的異音。

(　) 31. 後輪驅動式之差速器角尺齒輪太靠近盆形齒輪,車輛在那一種行駛狀況,使差速器發生 　①
噪音　①上坡行駛時　②下坡行駛時　③平路行駛時　④倒車時。

解　車輛上坡行駛時,重量向下壓迫角尺齒輪與盆形齒輪,又靠得太近間隙不足,易發生噪音。

(　) 32. 前輪驅動車輛之驅動軸球接頭內是填加何種潤滑油?　①
①矽黃油　②齒輪油　③機油　④液壓油。

(　) 33. 欲測試液壓自動變速箱的制動帶、離合器片磨損狀態可進行 　②
①壓力測試　②失速測試　③路試　④負載試驗。

(　) 34. 車輛無段變速箱(CVT)其改變速比的方式是改變 　②
①齒輪的齒數比　②帶輪的直徑比　③油壓調節量　④電磁線圈的通電比。

(　) 35. 轉向搖臂(Pitman arm)是連結在 　②
①橫拉桿與直拉桿之間　　　　　　②直拉桿與轉向機齒輪軸之間
③轉向節臂與直拉桿之間　　　　　④直拉桿與扭力桿之間。

解　此種型式轉向齒輪效率高,將摩擦力減到最少限量,不僅轉向容易,且使用壽命長,現代大型及小型
汽車採用最多,詳如下圖所示。

(　) 36. 液壓式動力轉向裝置之液壓泵由下列那一項零件所驅動 　①
①引擎　②方向盤　③轉向拉桿　④轉向搖臂。

解　一般車輛動力轉向機均由曲軸皮帶連接一動力油泵浦產生油壓做為動力轉向的動力源。

(　) 37. 連桿式分離型動力轉向機是將 　④
①動力缸與直拉桿組合　②控制閥與橫拉桿組合　③動力缸和控制閥與轉向齒輪箱組
合　④控制閥組合於直拉桿內,動力缸活塞桿與橫拉桿連結。

(　)38. 轉向齒輪減速比加大，所需轉向力就小，會使轉向動作　②

　　　①加快　②減慢　③不變　④轉向角增大。

(　)39. 加大輪距和軸距時　①

　　　①轉向半徑變大　②高速時容易震動　③較省油　④轉向半徑變小。

(　)40. 動力方向機之檢修常識，下述何者為不正確？　①頂起車輛發動引擎，方向盤打到底持　①

　　　續 15 秒後檢視漏油　②高速行駛方向盤轉動力較大　③頂起車輛發動引擎，左右打方向

　　　盤排放油路空氣　④動力泵皮帶斷掉，則方向盤操控力量變重。

解　動力方向機檢修時，方向盤打到底不可持續超過 5 秒鐘，否則動力泵會損壞。

(　)41. 檢查軸端間隙應利用　①線規　②卡鉗及銅尺　③深度規　④針盤量規(千分錶)。　④

(　)42. 車胎胎面產生鋸齒形的邊緣磨損時，其最可能原因為　①

　　　①前束或前展不當　②外傾角不當　③車胎尺寸不對　④後傾角不當。

(　)43. 前輪驅動車輛低速行駛，方向盤左或右轉到底時，前方底盤叩叩異音主要故障原因是　②

　　　①輪胎氣壓太高　②前驅動軸軸承磨耗　③變速箱軸承磨耗　④齒輪油不足。

(　)44. 當兩前輪胎同時不正常磨耗其最主要原因是　④

　　　①後傾角左右不平均　②內傾角過大　③車輪不平衡　④前束不正確。

(　)45. 一般輪胎尺寸表示中例如 7.50-20-8ply，其中"ply"表示　③

　　　①輪胎寬度　②輪胎厚度　③線層層數　④橡膠層層數。

解　歐洲制普通輪胎規格表示法中，以 7.50-20-8 為例，7.50 代表輪胎寬度為 7.50 吋，20 代表輪胎內徑

　　是 20 吋，8ply 代表線層數為 8 層。

(　)46. 後輪雙胎併裝若兩胎間距離過小　④

　　　①車輛轉彎時外胎有拖曳現象　②外胎搖擺　③鋼圈摩擦　④輪胎散熱不良。

(　)47. 輪胎規格 175HR-14 其中 H 表示　③

　　　①輪胎負荷容量　②輪胎構造　③速度符號　④輪胎強度。

(　)48. 以手掌向引擎端摸前輪胎面，有刺毛現象，則表示何者不正常？　②

　　　①後傾角　②前束　③內傾角　④外傾角。

(　)49. 在輪胎的構造中，用於抵抗胎內氣壓的是　①胎面　②彈性層　③線層　④斷層。　③

(　)50. 車輪重量不平衡會引起車輪　③

　　　①上下跳動　②左右擺動　③上下跳動與左右擺動　④不易轉動。

(　)51. 實施前輪定位時，那二個項目需要使用方向盤固定器來將方向盤固定，以免影響校正之　①

　　　精確度？　①前束和外傾角　②內傾角和外傾角　③前展和外傾角　④前束和內傾角。

(　)52. 汽車輪胎上標列數字，如一條輪胎末尾三個數字是 249 代表是　③

　　　① 2002 年第 49 週生產的輪胎　　　　　② 2004 年第 9 週生產的輪胎

　　　③ 1999 年第 24 週生產的輪胎　　　　　④ 1999 年第 42 週生產的輪胎。

(　) 53. 車輛液壓煞車系統之前後輪煞車會咬住，可能原因為　④
①煞車鼓失圓　　　　　　　　　　　②煞車總泵煞車油不足
③煞車來令有油污　　　　　　　　　④煞車總泵活塞推桿間隙過小。

(　) 54. 車輛液壓煞車總泵的回油孔阻塞時，會使　②
①煞車不靈　②前後輪煞車咬住　③煞車踏板過低　④煞車踏板踩踏力量較大。

解　回油孔阻塞時，前後輪煞車分泵柱塞頂出後無法彈回，造成煞車咬死現象。

(　) 55. 車輛液壓煞車踏板自由間隙太小，會阻塞煞車總泵之　③
①進油孔　②通氣孔　③回油孔　④逆止閥。

(　) 56. 車輛液壓鼓式煞車系統煞車踏板鬆後，造成煞車分泵煞車油流回總泵是由於　②
①分泵活塞彈簧力量　　　　　　　　②輪煞車蹄片回拉彈簧力量
③煞車踏板回拉彈簧力量　　　　　　④煞車總泵活塞彈簧力量。

(　) 57. 造成車輛鼓式煞車單邊現象之可能原因為　③
①煞車系統有空氣　　　　　　　　　②煞車油不足
③煞車來令間隙調整不當　　　　　　④煞車踏板自由間隙調整不當。

(　) 58. 裝有真空增壓煞車器之液壓煞車車輛，引擎未發動，不踩下煞車踏板則控制閥組之　②
①空氣閥開，真空閥關　　　　　　　②空氣閥關，真空閥開
③空氣閥與真空閥都開　　　　　　　④空氣閥與真空閥都關。

解　使用真空液壓煞車之車輛，應先放除真空動力缸第一第二放汽孔之空氣，再放除煞車總泵之空氣。

(　) 59. 車輛液壓煞車系統裝置串列型(又稱雙活塞型)煞車總泵的目的　③
①使煞車力量加倍　　　　　　　　　②前後輪不必使用煞車分泵
③使煞車形成二組獨立液壓系統　　　④使前後輪煞車作用結合一起。

(　) 60. 車輛排氣煞車之作用閥裝置於　①排氣歧管端　②排氣管　③排氣尾管　④消音器。　①

(　) 61. 煞車踏板自由間隙，如太大則　②
①車輪咬住不能放鬆　　　　　　　　②不能產生充足的液壓將車輪煞住
③煞車鼓及來令片加速磨損　　　　　④煞車性能較佳。

解　煞車踏板空檔如太小則車輪咬住造成煞車油汽阻、來令片磨耗快及煞車鼓高溫。若空檔太大則不能產生充足的液壓將車輪剎住，所以踏板空檔的調整十分重要。

(　) 62. 採用半浮式後軸之車輛，其後輪煞車蹄片沾有齒輪油，則可能故障原因是什麼？　②
①差速器齒輪油之油面太低　　　　　②後軸轂油封失效或油面太高
③傳動軸防塵套破裂造成　　　　　　④駕駛添加齒輪油時沾上。

(　) 63. 真空液壓煞車之汽車在引擎未發動時，踩下煞車踏板一半，再發動引擎，若煞車踏板往下吸則　①分泵漏油　②真空門漏氣　③大氣門漏氣　④正常現象。　④

解　引擎一發動時，大氣門先開後閉，在煞車倍力器內產生壓力差，推動煞車踏板往下吸，所以係一正常現象。

(　) 64.　液壓煞車系統之安全閥功用為　　　　　　　　　　　　　　　　　　　　　③
　　　　①防止後輪鎖死　　　　　　　　　　　　②防止前輪鎖死
　　　　③關閉通往洩漏之油路　　　　　　　　　④防止油壓過高管路破裂。

(　) 65.　一般汽車手煞車的煞車力不可以低於車重的　①50%　②30%　③40%　④16%。　　④

(　) 66.　空氣煞車系統由引擎帶動空氣壓縮機產生壓縮空氣　　　　　　　　　　　　　　④
　　　　①直接作用煞車鼓而煞車
　　　　②直接推動分泵活塞
　　　　③推動總泵活塞
　　　　④作用於制動室膜片推動輪煞車凸輪擴張蹄片壓緊煞車鼓。

解　空氣煞車的作用為煞車踏板踏下時，制動閥打開，貯汽箱中之壓縮空氣流到制動室推動膜片，經推桿、
　　凸輪使煞車蹄片張開產生煞車作用，如下圖所示。

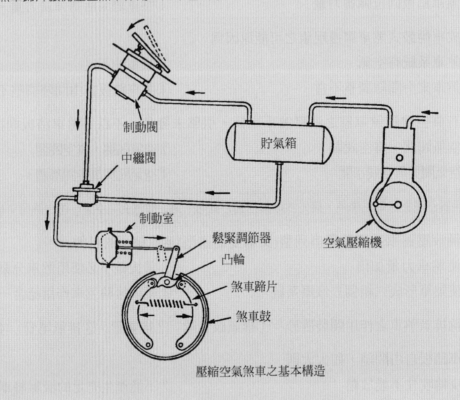

壓縮空氣煞車之基本構造

註：摘錄自全華圖書「汽車學(二)」，圖 2-7.1。

(　) 67.　空氣煞車系統之調節閥(Regulator valve)裝置的功用是　　　　　　　　　　　　①
　　　　①加速後輪的煞車作用　　　　　　　　　②防止儲氣箱壓力過高
　　　　③防止儲氣箱壓力過低　　　　　　　　　④調節空氣壓縮機壓縮空氣輸出量。

(　) 68.　空氣煞車系統，如果空氣壓力過低時，警告駕駛人停車或用低速檔慢行之警告裝置是　②
　　　　①制動閥　②低壓指示器　③快放閥　④調節閥。

(　) 69.　空氣煞車系統的快放閥(Quick Release Valve)通常裝置於　　　　　　　　　　④
　　　　①通至後輪制動室管路上　　　　　　　　②通至空氣壓縮機管路上
　　　　③通至調節閥管路上　　　　　　　　　　④通至前輪制動室管路上。

解　詳如下圖中空氣煞車系之配管所示。

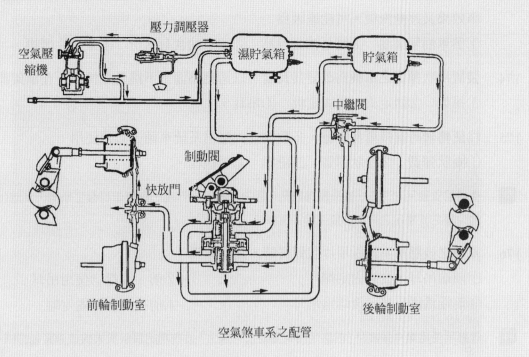

空氣煞車系之配管

註：摘錄自全華圖書「汽車學(二)」，圖 2-7.2。

(　) 70.　空氣煞車裝置車輛煞車放鬆太慢的可能原因為　　②
①煞車鼓不圓　②制動閥排氣口阻塞　③蹄片凸輪磨損　④煞車來令有油污。

(　) 71.　空氣煞車系統中的限壓器上面二根管子是接到那裡　　①
①空壓機和儲氣箱　②制動門和制動室　③空壓機及快放門　④儲氣箱和制動門。

解　如下圖所示，限壓器(即壓力調整器)右邊接空氣壓縮機，左邊接儲氣箱。

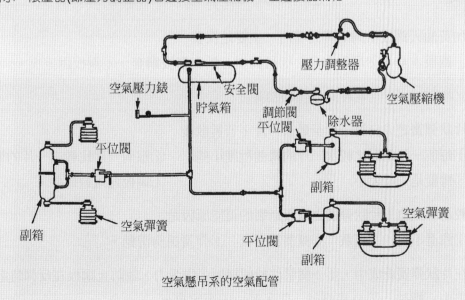

空氣懸吊系的空氣配管

註：摘錄自正工出版社「汽車底盤」，圖 5-59。

(　) 72.　依公路法規定，小型車的煞車總效能規範為　　③
①車重的 20%以上為合格　　　　　　②車重的 40%以上為合格
③車重的 50%以上為合格　　　　　　④最大載重的 40%以上為合格。

( ) 73. 車輛在連續煞車後產生高溫時，踩煞車時踏板會變軟(煞車失靈)現象，但在停車隔日後煞車效果又逐漸恢復，可能原因為 ③
①煞車油管漏油　②總泵油面過高　③煞車油含有水份　④來令片磨損。

( ) 74. 裝置片狀彈簧之車輛為改變其長度，以適應路面上下跳動之情形，在車架部分裝置有 ④
①吊架　②固定夾　③固定板　④吊耳。

( ) 75. 為使轉彎時維持車身平穩，多數獨立式懸吊系統車輛，必須使用 ④
①圈狀彈簧　②片狀彈簧　③扭桿　④平穩桿。

解 使用獨立懸吊之汽車，當車輛轉彎時，因為離心力之作用，會使車身發生傾斜，為防止產生左右之搖動；獨立式懸吊之汽車必須使用平穩桿。

( ) 76. 車輛之後懸吊系統採用片狀彈簧時，其兩端為 ③
①前端吊耳，後端固定端　　　　　　②前、後端均使用吊耳
③前端為固定端，後端為吊耳　　　　④前後端均為固定端。

解 後懸吊使用葉片彈簧時，前端用吊架固定於大樑上，後端用吊耳掛於大樑使彈簧能伸縮。詳如圖所示。

( ) 77. 加黃油入鋼板吊鉤的黃油嘴內，主要是保養 ③
①鋼板本身　②吊鉤本身　③吊鉤中心銷與鋼板銅套　④鋼板固定夾。

解 此處受力最大，磨耗最多，所以要加黃油。

( ) 78. 片狀彈簧總成自第一片至最末一片，若拆散後 ①
①每前一片鋼板比較次一片的彎曲程度小些　　②每前一片比較次一片的彎曲程度大些
③彎度是一樣大小　　　　　　　　　　　　　④鋼板愈短愈彎曲。

( ) 79. 較易導致汽車片狀彈簧之鋼板斷裂的可能原因是 ②
①潤滑不良　②超載　③減震器過緊　④彈簧掛鉤滑動。

( ) 80. 在片狀彈簧總成中，那一個零件能使鋼板平均受力，並防止鋼板在反彈時造成離位而折斷 ④
①中心螺絲　②U型螺絲　③吊耳　④固定夾。

( ) 81. 在片狀彈簧總成中，那一個零件能防止鋼板作縱向運動 ①
①中心螺絲　②U型螺絲　③吊耳　④固定夾。

( ) 82. 在片狀彈簧總成中，主鋼板(長者)其　　　　　　　　　　　　　　　　　　　④
　　　①彈簧係數較大，用於重負荷　　　　　　②彈簧係數較大，用於輕負荷
　　　③彈簧係數較小，用於重負荷　　　　　　④彈簧係數較小，用於輕負荷。

　解　在片狀彈簧總成中，長的主鋼板，彈簧係數小用於輕負荷，短的主鋼板彈簧係數大，用於重負荷。

( ) 83. 如圖所示之前輪懸吊裝置，調整箭頭所指的張力桿長　　　　　　　　　　　　①
　　　度時，最主要可改變下列那一項角度？
　　　①後傾角　　　　　②外傾角
　　　③內傾角　　　　　④前束。

( ) 84. 如圖所示之雞胸骨式懸吊系之上臂，改變前後填隙片　　　　　　　　　　　　②
　　　厚度可調整
　　　①外傾角與內傾角　　　②後傾角與外傾角
　　　③內傾角與後傾角　　　④前束與外傾角。

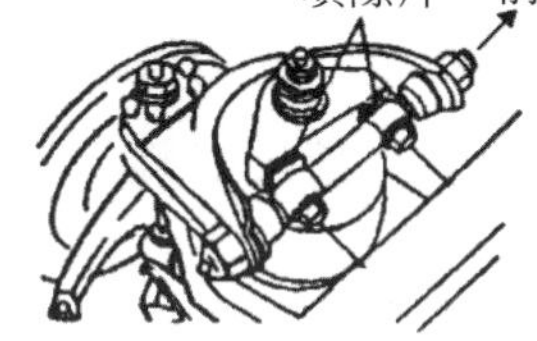

( ) 85. 車輛方向盤上配備有 SRS 氣囊(Air Bag)，在何種方向撞擊下才有可能會引發作動？　②
　　　①車輛碰撞來自後方　　　　　　　　②車輛碰撞來自正前方
　　　③車輛碰撞來自側面　　　　　　　　④當車輛急轉彎側向翻滾。

( ) 86. 在實施拆裝 SRS 氣囊(Air Bag)首要程序是　　　　　　　　　　　　　　　④
　　　①檢查感知器作用　　　　　　　　　②檢查電路作用
　　　③檢測電腦控制功能　　　　　　　　④點火開關轉至 OFF，拆下電瓶線。

( ) 87. 如圖所示，您認為技術人員可能在從事哪一項檢查？　　　　　　　　　　　　④
　　　①後輪煞車碟盤的偏擺度檢查
　　　②後輪輪轂的偏擺度檢查
　　　③後輪輪轂的光滑度檢查
　　　④後軸軸承端間隙檢查。

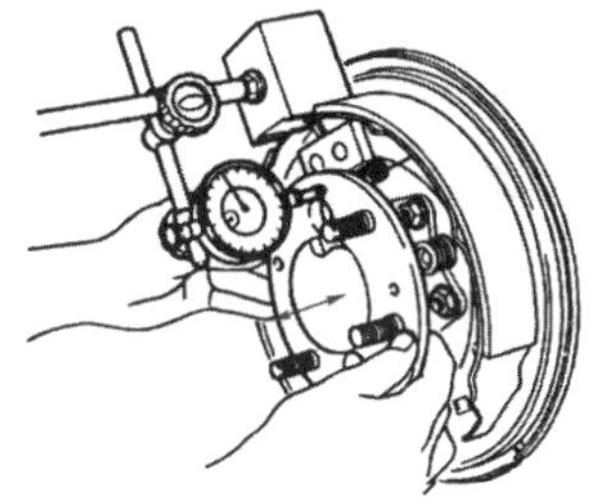

( ) 88. 手動變速箱換檔機構，如圖所示之鋼珠主要目的為　　　　　　　　　　　　③
　　　何？
　　　①換檔時調速作用
　　　②防止兩組變速齒輪同時嚙合
　　　③防止因震動而產生跳檔
　　　④減少排檔桿換檔時產生震動。

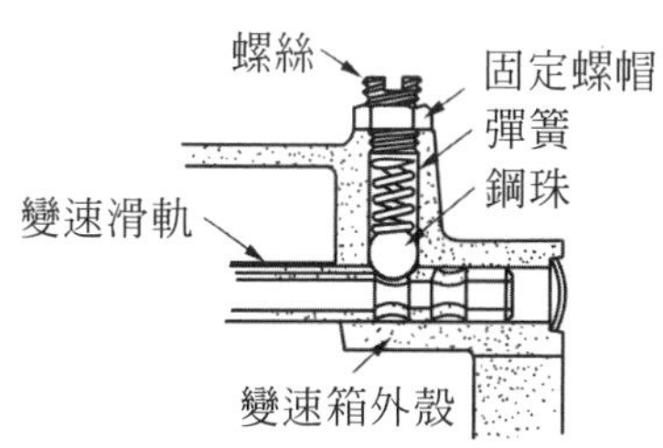

( ) 89. 有關液壓式離合器踏板機構，若調整圖中 1 之螺栓，　　　　　　　　　　　①
　　　其主要目的為何？
　　　①調整踏板高度
　　　②調整踏板自由行程
　　　③調整分泵游隙
　　　④調整釋放軸承游隙。

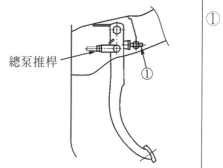

(　) 90. 如圖所示係為實施哪一種檢查？　　　　　　　　　　　①
① 離合器片搖擺度
② 離合器片之磨損
③ 離合器軸之磨損
④ 離合器片之厚度。

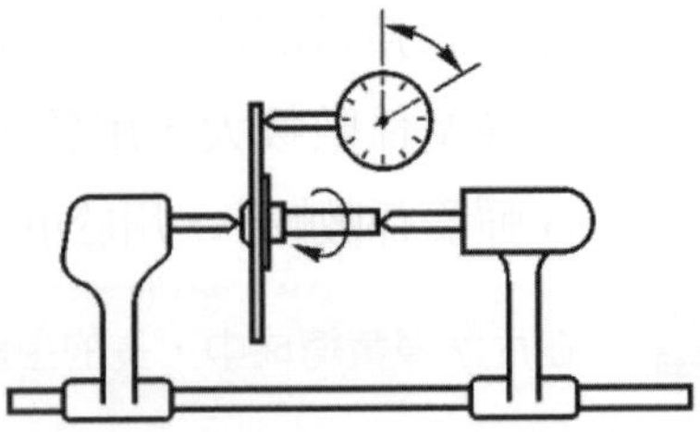

> **解** 圖示情形係使用千分錶量測離合器片之不平度(亦可稱為搖擺度或彎曲度)，如果超過廠家規範值(查閱修護手冊)，則應更換新品。

(　) 91. 如圖所示，是做差速器中的哪一項檢查？　　　　　　　④
① 檢查盆形齒之偏搖量
② 檢查差速器軸承之端間隙
③ 檢查角尺齒輪之高度
④ 檢查角尺齒輪與盆形齒輪之齒隙。

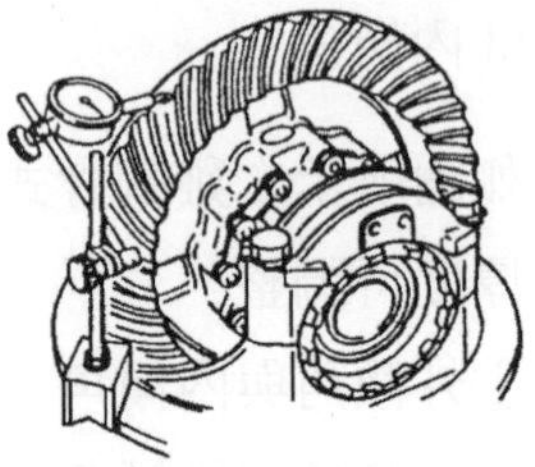

(　) 92. 如圖所示，係表示技術人員正從事後軸總成的何種檢查？　　②
① 檢查盆形齒輪與角尺齒輪間之齒隙
② 檢查差速器軸承之邊間隙
③ 檢查差速器盆形齒輪安裝凸緣之失圓
④ 檢查差速器盆形齒輪之偏擺度。

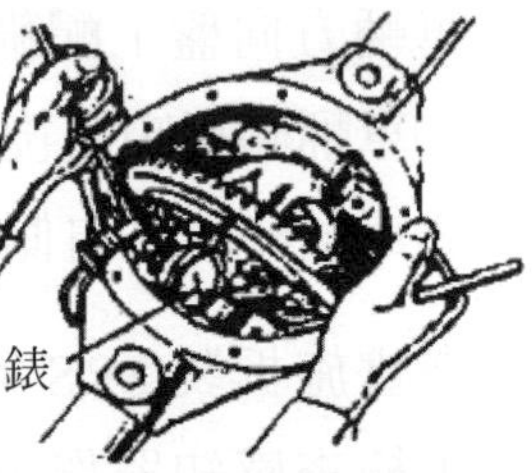

千分錶

(　) 93. 環齒輪、太陽齒輪、行星小齒輪之齒數分別為 60、40、10，現將行星齒輪架固定，以　　④
環齒輪為輸入軸，太陽齒輪為輸出軸，若輸出軸的扭力為 18kg-m，則輸入軸之扭力為
多少 kg-m　①9　②12　③18　④27。

(　) 94. 下列有關扭力變換器的敘述何者為錯誤？　　④
① 滑差 100%時扭力比最大
② 鎖定離合器作用時滑差為 0%
③ 無鎖定離合器機構者，傳遞效率最多約達 96%
④ 所謂接合點(couple point)是指不動葉輪會開始隨著油液方向轉動的位置，其速度比為 1。

(　) 95. 在自動變速箱中，直接控制制動帶伺服機構油壓的是　　①
① 調速器或手動控制閥　②油壓泵　③油壓調節器　④扭力變換器。

(　) 96. 一般自動變速箱實施失速測試時，若在 D 和 R 檔時失速轉速均高於標準值，其故障原因可　　③
能為　①扭力變換器不良　②引擎輸出馬力不足　③主油壓過低　④倒檔離合器打滑。

(　) 97. 一般自動變速箱實施失速測試時，若在 D 和 R 檔時失速轉速均低於標準值，其故障原因　　①
可能為　①扭力變換器不良　②油量不足　③主油壓過低　④前進離合器作用不良。

(　) 98. 組合差速器時，下列何者為最後檢查項目　　①
① 角尺齒輪與盆形齒輪之接觸面　　　　　　　②角尺齒輪與盆形齒輪之齒隙
③ 兩側軸承之預負荷　　　　　　　　　　　　④角尺齒輪之預負荷。

( ) 99. 下圖由曲軸端看作順時針運轉的 Torque Converter，設主動葉輪為 P，被動葉輪為 T，不 ④
動葉輪為 S，順時針轉動為 1，反時針轉動為 2，靜止不動為 0，若引擎在低轉速下，則
Torque Converter 的作動為　① P1T2S0　② P1T1S1　③ P1T2S1　④ P1T1S0。

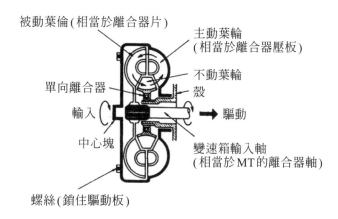

被動葉倫(相當於離合器片)　主動葉輪(相當於離合器壓板)

不動葉輪

單向離合器　殼

輸入　驅動

中心塊　變速箱輸入軸(相當於MT的離合器軸)

螺絲(鎖住驅動板)

解　從圖中觀察，當主動葉輪順時針轉動 1 圈，則被動葉輪亦同時順時針轉動 1 圈，而不動葉輪靜止不動，所以答案為 P1T1S0。

( ) 100. 車輛裝置全時 4WD 系統的功能下列哪一項敘述的說明較正確？ ③
① 4WD 系統可以改善在乾燥路面的過彎
② 4WD 系統不需要使用雪胎、雪鏈，等等
③ 4WD 系統即使在不良路面上仍然可以確保引擎扭力有效的傳遞
④ 4WD 系統即使在濕滑路面上仍然可以確保有效的煞車性能。

( ) 101. 自動變速箱進行失速測試時，為何測試完後需要等待數分鐘後才能再度實施測試？ ④
①避免行星齒輪損壞　　　　　　　　②冷卻煞車系統
③避免損壞變速箱油壓控制單元　　　④避免 ATF 過熱。

( ) 102. 如圖所示為何種特殊工具？ ②
①前輪軸承拆卸器
②球接頭拆卸器
③車輪螺栓拆除器
④畢特門臂拉拔器。

( ) 103. 如圖所示為前輪轉向機構，若鬆開拉桿鎖緊螺帽並 ④
轉動拉桿，試問此一動作是在調整以下哪一項？
①外傾角　　　　②內傾角
③後傾角　　　　④前束。

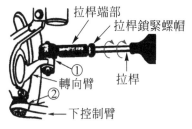

拉桿端部
拉桿鎖緊螺帽

①
轉向臂　拉桿
②
下控制臂

( ) 104. 如圖所示循環滾珠螺帽式轉向機，所進行調整之項 ①
目為
①蝸桿軸承預負荷　　　②轉向前展
③橫拉桿長度　　　　　④前束。

扭力扳手

( ) 105. 如圖所示，裝置 VSC 的汽車，當右轉彎發生轉向過　　　　　　　　②
　　　　　度時，則多在何處加上煞車力作控制？
　　　　　①兩前輪　　　　　　②左前輪
　　　　　③兩後輪　　　　　　④右前輪。

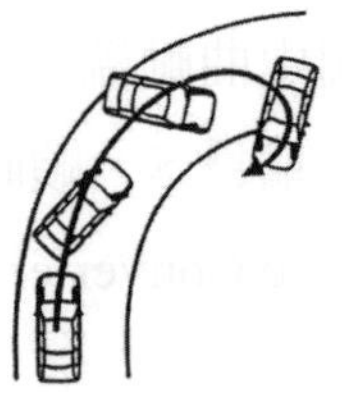

( ) 106. 車輛實施偏滑測試時，指針指在 OUT 6(m/km)表示　　　　　　　　②
　　　　　①前束正確　②前束不正確　③外傾角不正確　④後傾角不正確。

> 解　偏滑試驗器，英文名稱為 Side Slip Tester，專門用來量測車輛 Toe-in 及 Toe-out 前束角，Toe-out
> 6 m/km，代表是每行駛 1 公里車輛會偏滑 6 公尺，所以前束不正常，一般標準值是在 ±1 m/km 以內。

( ) 107. 煞車測試時，結果為左前輪煞車力 2kN、右前輪煞車力 1.5kN、左後輪煞車力 1.7kN、右　③
　　　　　後輪煞車力 1.5kN，若車重為 8kN，下列敘述何者有誤
　　　　　①四輪總煞車力為 83.75%　　　　　　②兩後輪煞車力不均率為 11.76%
　　　　　③兩後輪煞車力不均率為不合格　　　　④四輪總煞車力為合格。

> 解　左、右後輪煞車力不均率 $= \dfrac{1.7kN - 1.5kN}{1.7kN} = 11.76\%$，未超過 20%，所以兩後輪煞車力不均率為合格。

( ) 108. 操作車輪定位時，下列敘述何者有誤　　　　　　　　　　　　　　④
　　　　　①測量方向盤游隙時，車輪須在直行方向
　　　　　②調整 Toe-in 時須使用方向盤固定器
　　　　　③測量後傾角時須使用煞車踏板固定器
　　　　　④測量轉向前展時須使用方向盤固定器。

( ) 109. 下列何者易造成大王銷磨損　　　　　　　　　　　　　　　　　　①
　　　　　①內傾角不正確　②前束不正確　③轉向前展不正確　④後傾角不正確。

( ) 110. 測試方向盤如圖所示，是檢查　　　　　　　　　　　　　　　　　① 
　　　　　①原地轉向作用力　　　②方向盤的回位
　　　　　③轉向角度　　　　　　④方向盤轉動圈數。

( ) 111. 有關煞車的敘述，下列何者錯誤？　　　　　　　　　　　　　　④
　　　　　①煞車油吸收水分後其沸點變低
　　　　　②汽鎖(vapor lock)現象係因熱造成煞車油內產生氣泡使煞車性能惡化
　　　　　③退化(fade)現象係因熱造成來令片表面摩擦係數變小使煞車性能惡化
　　　　　④沸點高之煞車油容易發生汽鎖(vapor lock)現象。

( ) 112. 目前非整體式(ADD-ON)ABS 控制電腦偵測到故障，而使 ABS 警告燈亮起時，下列敘述　①
　　　　　何者正確？
　　　　　① ABS 失去作用，傳統式煞車性能不受影響
　　　　　② ABS 煞車反應減緩，傳統式煞車性能不受影響
　　　　　③煞車失效，應立即檢修
　　　　　④ ABS 煞車反應減緩，傳統式煞車性能降低。

( ) 113. 如圖所示爲煞車踏板之示意圖，圖中 S 代表下列哪一項？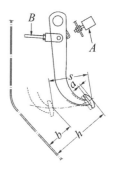
　　①踏板作用行程
　　②煞車踏板高度
　　③踩下高度
　　④自由游隙。

( ) 114. 如圖所示碟式煞車系統的煞車片(brake pad)磨損指示器，當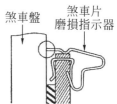
　　煞車片磨損過度時其警示訊號爲：
　　①指示器與煞車圓盤的摩擦聲　　②煞車踏板震動
　　③儀錶板警告燈　　　　　　　　④閃光訊號。

( ) 115. 裝有真空輔助煞車之車輛，進行兩項試驗，甲：引擎熄火，踩放煞車踏板數次後，踩住
　　煞車踏板，然後發動引擎，引擎發動時，煞車踏板向下移動一小段距離。乙：發動引擎，
　　踩下煞車踏板，立即將引擎熄火，踏板高度保持 30 秒左右不變。則上述兩項試驗結果中
　　①甲表示輔助器故障，乙表示輔助器正常　　②甲表示輔助器正常,乙表示輔助器故障
　　③甲乙均表示輔助器正常　　　　　　　　　④甲乙均表示輔助器故障。

( ) 116. 如圖所示是測量煞車圓盤的什麼項目？ ④
　　①斜差　　　　　　　　②平均厚度
　　③平行度　　　　　　　④偏搖度。

解　圖中 "針盤量規包括千分錶和磁性座" 可以用來量測煞車碟盤不平度和偏搖度。

( ) 117. 一般 ABS 之診斷電腦無法偵測下列那些故障？ ③
　　①電磁閥　②調節器馬達　③煞車來令片磨損　④手煞車未放鬆。

( ) 118. 當車速爲 30 km/h 輪速爲 27 km/h 則其輪胎滑動率爲　①10%　②20%　③30%　④40%。 ①

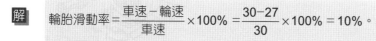
解　輪胎滑動率 $= \dfrac{車速-輪速}{車速} \times 100\% = \dfrac{30-27}{30} \times 100\% = 10\%$。

( ) 119. 當踩煞車時如果防鎖定煞車系統 ABS 作用，煞車踏板會產生回彈現象是因爲 ③
　　①輪速感測器故障　②電腦故障　③正常作用狀態　④電磁閥無法回油。

( ) 120. 電子煞車力道分配系統 EBD(Electric Brake force Distribution)，主要功能 ②
　　①車輛一輪打滑時加大該輪的煞車力　②車輛緊急煞車時重心前移減少後輪煞車力　③
　　加快點煞之頻率　④防止起步時輪胎打滑。

( ) 121. 在 ABS 作動期間，調節器(pressure modulator)會執行什麼功能？ ①
　　①煞車管路油壓之增加、維持與減少　②其用來平衡前輪與後輪煞車力　③依據信號來
　　自輪速感知器的信號判斷哪一個車輪鎖住　④其傳送輪速信號到控制模組。

( ) 122. 在 ABS 作動期間煞車踏板的狀態如何？　①煞車踏板往下沉　②傳遞少許的反推力量到 ②
　　煞車踏板　③煞車踏板行程變長　④不會發生任何狀況。

(　) 123. 車輛行駛中，如果在煞車時前輪鎖住車輛會發生什麼現象？　④

①其煞車距離不變　②前輪在路面滑行，但轉向不會失去控制　③後輪在路面滑行，並且車輛打轉　④駕駛人轉向失去控制，並且車輛繼續往行駛的慣性方向移動。

(　) 124. 下列是有關引擎輸出控制式 TCS，在 TCS 作動時的敘述何者正確？　①增加引擎的輸出扭力　②引擎輸出扭力反應變慢　③降低引擎的輸出扭力　④引擎輸出扭力反應變快。　③

(　) 125. 車輛裝置 ABS 的主要功能爲何？　③

①減少車輛的有效煞車距離　②減少煞車失誤　③在煞車期間避免車輪鎖住，維持車輛方向操控性　④可以避免煞車時車頭下沉並延遲車輪鎖住。

(　) 126. 當引擎輸出控制式 TCS 在車輛過彎時執行控制作動，TCS 控制單元使用什麼資料來判斷實際過彎方向？　①介於右前輪與左後輪之間的轉速差　②介於左前與右前車輪之間的轉速差　③介於左後與右後車輪之間的轉速差　④介於左前輪與右後輪之間的轉速差。　③

(　) 127. 下列哪種型式的感知器是由 TCS 與 VSC 共同使用？　④

①轉向角度感知器　②水溫感知器.　③檔位感知器　④輪速感知器。

(　) 128. 一般前輪驅動之車輛裝置有煞車控制式的 TCS，是使用下列哪種控制方法？　③

①應用引擎煞車　②應用手煞車　③應用前車輪的煞車　④應用後車輪的煞車。

(　) 129. 如圖所示之輪胎胎紋，下列敘述何者正確？　②

①胎紋正常

②輪胎磨耗至極限記號，須予以更新

③輪胎長期過度充氣

④前束不正確。

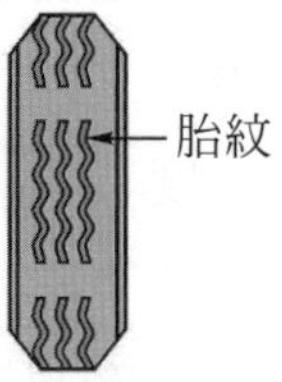

胎紋

(　) 130. 如圖中的吸磁式水泡儀主要用於測量前輪校正中哪些項目？　③

①前束、轉向前展及內傾角

②轉向前展、內傾角及外傾角

③內傾角、外傾角及後傾角

④外傾角、後傾角及前束。

吸磁式水泡儀

(　) 131. 將車子前段頂高車輪懸空，用手抓住前輪上下並朝內外搖動如圖所示，若車輪內外搖動量過大，何者正確？　②

①外傾角過大需要調整

②輪軸軸承磨損需要更換

③煞車襯墊與碟片間隙過大需要調整

④懸吊彈簧損壞需要更換。

往內外搖動

（　）132. 如圖所示爲一輪胎磨損狀況，下列何者是可能的原因？　②
①轉彎速度過快
②不當之外傾角
③前束或轉向前展調整不當
④緊急煞車過多。

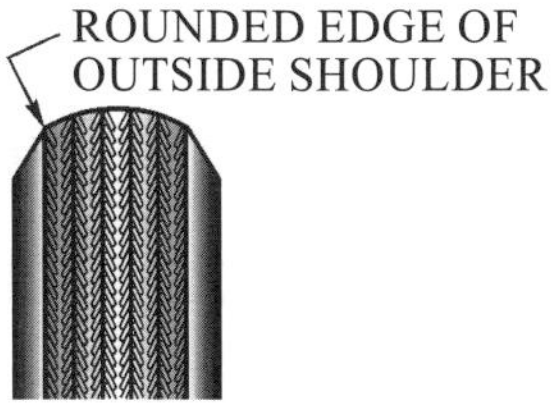

ROUNDED EDGE OF
OUTSIDE SHOULDER

CORNERING WEAR

（　）133. 如圖所示爲一麥花臣式前輪懸吊系統，其中偏心凸輪　④
機構可用以調整下列哪一個車輪定位角度？
①前束(Toe-in)
②後傾角(Caster)
③前展(Toe-out)
④外傾角(Camber)。

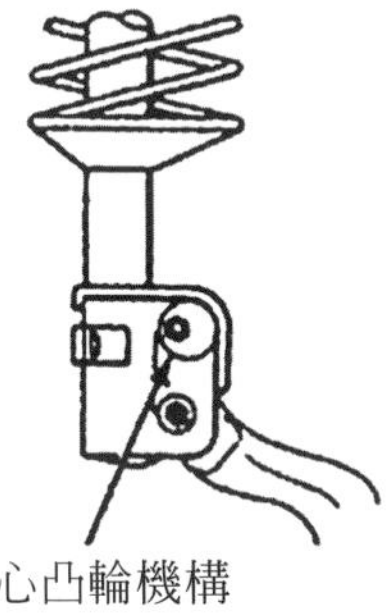

偏心凸輪機構

（　）134. 如圖所示爲一長短臂式(雞胸骨臂式)前輪懸吊系統，　③
欲檢查其控制臂球接頭時，車輛較正確頂升位置應位
於圖中哪一標示區域？
①4　②3　③2　④1。

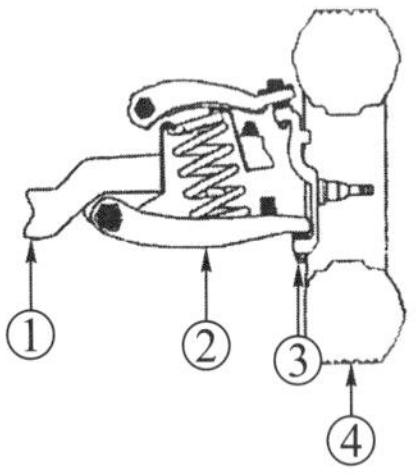

（　）135. 引擎在 1800 rpm 時能產生 100 PS 的馬力，若當時 Torque Converter 的扭力比爲 2.4：1，　①
求 Turbine 的輸出扭力約爲多少 kg-m？　① 96　② 76　③ 106　④ 116。

（　）136. 下列有關自動變速箱的敘述何者爲非？　③
①機械液壓式利用調速器油壓與節流油壓來換檔　②電子控制式利用ECU控制電磁閥來
換檔　③ Electronic Control Automatic Transmission 與 Electronic-Continuously Variable
Transmissi on 構造相同　④ AT 車的優點是升降檔時換檔平順。

（　）137. SRS 系統中當車子撞擊後到氣囊洩氣完成所經過的時間約爲：　①
① 0.1～0.2 秒　② 1 秒　③ 1.5 秒　④ 2 秒。

（　）138. 一般車輛有關電子式 SRS 的前方氣囊爆開作用敘述何者爲非？　②
①受橫向或後方撞擊時，氣囊不爆開　②車速須達 60 km/hr 以上之危險車速才作用　③
正前方撞擊引爆範圍涵蓋左右各約 30 度　④系統電路接頭一般爲黃色。

（　）139. 機械式可變轉向比系統(variable-ratio steering system)係依據下列何者改變轉向比？　④
①車速　②路面情況　③車重　④轉向角度。

（　）140. 有關轉向系統動力油(power steering fluid)的敘述，下列何者錯誤？　④
①應使用特定等級的動力油　②動力轉向系統作動時動力油壓力很高　③動力轉向系統
連續作動時動力油溫度很高　④動力轉向貯液筒油平面高度檢查與溫度無關。

（　）141. 有關電動轉向系統(electric steering system)的敘述，下列何者錯誤？　①
①應使用特定等級的動力輔助轉向油　②不須皮帶帶動
③可減輕車重　④可減輕油耗。

(①) 142. 當後懸吊負載加重時，下列前輪定位角度何者會產生變化？
① Caster　② Camber　③ Toe-in　④ SAI(Steering Axis Inc lination)。

(①) 143. 下列前輪定位角度何者對輪胎磨損影響最小？
① Caster　② Camber　③ Toe-in　④ SAI(Steering Axis Inclination)。

(①) 144. 如圖所示車輪定位 A 項目名稱為？
① setback　　　　　② scrub radius
③ thrust angle　　　④ offset。

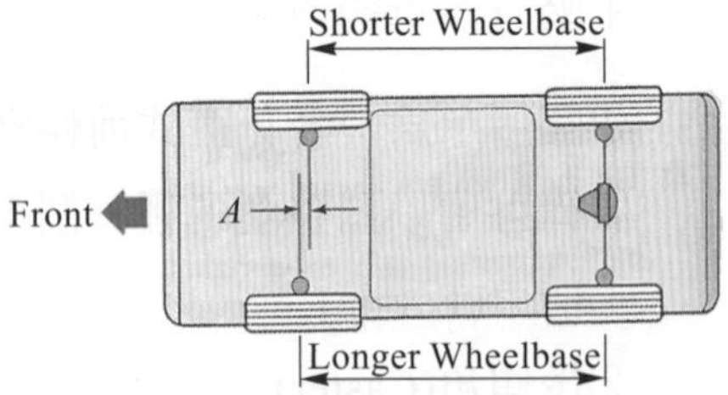

(④) 145. 某一電子控制式自動變速箱之抑制開關的作用情形如圖所示，當起動馬達不作用，欲以 Ω 錶檢查抑制開關時，檢驗棒應置於何端子間
① 4 與 8　　　② 3 與 8
③ 1 與 8　　　④ 9 與 10。

項目	端子號碼									
	1	2	3	4	5	6	7	8	9	10
P		●						●	●	●
R										
N					●			●	●	●
D	●						●	●		
3						●	●	●		
2		●					●	●		
L						●	●			

解 抑制開關的功能係讓起動馬達只有在 P 檔及 N 檔時才可以起動，所以由電路圖中應量測 9 與 10 是否導通。

(②) 146. 某一 4 前進檔的 EC-AT，用來控制 1、2、3、4 檔作動的 ON-OFF 電磁閥(如圖所示)至少須裝置　①一個　②二個　③三個　④四個。

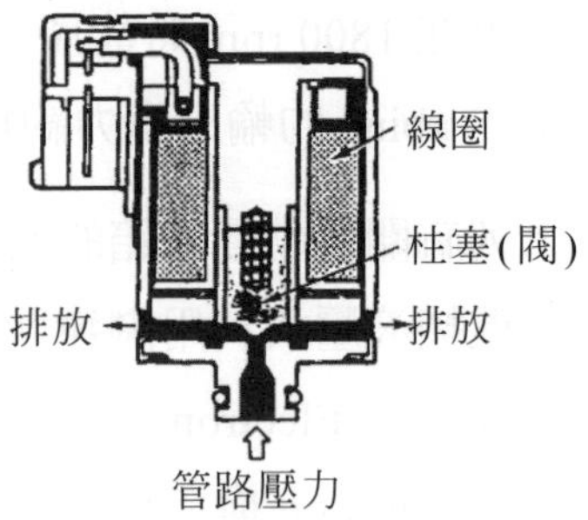

線圈

柱塞(閥)

排放　　　　排放

管路壓力

(④) 147. 某一 4 前進檔的 EC-AT，點火開關 ON 時排檔桿無法排入前進檔，其故障可能原因為
①換檔電磁閥不良　　　　　　　　②管路壓力不正常
③減震離合器控制電磁閥不良　　　④手動控制桿位置調整不當。

(①) 148. 電子控制式自動變速箱(ECT)，當引擎怠速運轉，排檔桿排至各檔位時，車子均無法移動，其故障最可能的原因為
①油泵不良　②換檔電磁閥不良　③減震離合器控制電磁閥不良　④低-倒檔離合器不良。

(②) 149. 下列有關自動變速箱分解組合的敘述何者有誤
①只能使用尼龍布或不含棉絮的紙巾擦拭
②離合器片、制動片須用去漬油清潔
③新的離合器片、制動片使用前須先浸泡在 ATF 內
④變速箱本體已受損，ATF 冷卻油管也需要拆卸及清潔。

(③) 150. 電子控制式自動變速箱管路油壓測試時，若在特定的檔位(例如：R 檔或 1 檔)油壓低，其可能故障為
①濾網堵塞　②濾網與油壓調整閥間洩漏　③特定的油壓離合器洩漏　④油壓調整閥卡住。

(①) 151. 若在更換煞車總泵時不知道原來煞車油規格時，則應如何處理？
①將煞車系統內的煞車油排出，再使用規定的煞車油充填
②只要系統中的油液不要太老舊，則使用工廠中的煞車油將儲油室加滿即可
③再次使用排出的煞車油較妥當
④使用與目前系統所使用顏色及黏度最接近的煞車油，來加滿儲油室即可。

解　煞車油種類分為 DOT3、4、5 號，當煞車系統需補充煞車油時，絕對不可以混用不同廠牌和不同規格的煞車油，否則容易損壞煞車系統。

(②) 152. 在煞車系統中，下列哪一項檢查需要使用到測微器？
①煞車圓盤平行度　②煞車圓盤厚度　③煞車圓盤直徑　④煞車圓盤偏擺度。

解　① 煞車圓盤平行度用捲尺量測。
② 厚度用分厘卡(即測微器)檢查量測。
③ 直徑用游標卡尺量測。
④ 偏擺度用針盤量規(4 分表)量測。

(②) 153. 如圖所示 A、B 線為煞車總泵送至前後輪煞車分泵之油壓特性，下列敘述何者正確？　①B 線是前輪、A 線是後輪　②A 線是前輪、B 線是後輪　③A 線與 B 線不分前後輪，依車速而定　④A 線與 B 線不分前後輪，依踩踏煞車踏板力量而定。

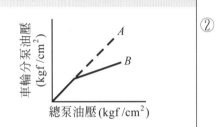

(③) 154. 下列哪一種情形下煞車圓盤表面必須研磨或更換？　①煞車時發出噪音時　②煞車時煞車距離較長時　③煞車時感到煞車抖動時　④煞車時感到踏板漸漸下沉時。

(①) 155. TCS 在何種情況下被啓動以維持其循跡力？　①當驅動輪被偵測到過度打滑時，TCS 就會啓動　②當車外溫度低於攝氏 0 度時，TCS 就會啓動　③當任何檔位超過規定時速時，TCS 就會啓動　④當方向盤轉動的速度超過規定極限時，TCS 就會啓動。

(④) 156. 行駛時踩煞車較易發生煞車抖動之原因，下列的敘述何者不正確？　①駕駛習慣與煞車操作經常較為激烈　②煞車來令片硬度比煞車圓盤硬　③下長坡路段長時間踩煞車造成煞車圓盤高溫變形　④使用號數不符規定之煞車油。

(④) 157. 下列有關 ABS 之敘述何者錯誤？　①ABS 必須車速到達一定程度才會作用　②ABS 煞車作用時，路面煞車痕呈現一段一段痕跡　③當 ABS 作用時，駕駛者會在踏板處感覺稍有回踢現象　④ABS 作用最主要在減少煞車之距離。

解　ABS 作用除了可以減少煞車距離之外，更重要的是煞車時前輪不會鎖死，可以在煞車的同時轉動方向盤，避開前方的危險。

(④) 158. 下列哪一組車輪定位項目的配合可以使轉向輕巧，減少轉向操作力？
①後傾角與內傾角　②外傾角與前束　③外傾角與後傾角　④內傾角與外傾角。

(③) 159. 下列何種狀況會造成轉向困難？
①外傾角過大　②內傾角過小　③後傾角太大或前軸彎曲　④包容角過大。

( ) 160. 下列哪一項可能是因為方向盤間隙過大所產生之現象？ ③
①轉向困難 ②轉向過度敏感 ③轉向操作遲緩 ④轉向後方向盤無法回復。

( ) 161. 車輛行駛於平路時，放開方向盤車輛會偏向一邊，下列何者其可能性較小？ ①
①前輪前束太小 ②左右輪外傾角不平均 ③左右輪後傾角不平均 ④後輪前束不平均。

( ) 162. 車輪定位校正項目中，何者是最後校正項目？ ①後傾角 ②外傾角 ③前束 ④內傾角。 ③

( ) 163. 下列何者會影響外傾角？ ②
①橫拉桿球接頭磨損 ②前輪軸承鬆動 ③輪胎磨損 ④前束不正確。

( ) 164. 某車之廠家規範總前束值為－1.0mm±2.5mm，而該車經四輪定位儀測得前束左側為 ②
－1.0mm，右側為＋3mm，由此推測該車直行時方向盤位置為
①置中 ②偏右 ③偏左 ④左右晃動。

( ) 165. 下列何者不是變速箱同步器的功用？ ④
①避免換檔時，齒輪撞擊 ②利用摩擦，使齒輪及銅錐環以相同速度迴轉 ③將檔位齒輪連接於主軸齒轂上 ④直接連接換檔滑軌。

( ) 166. 技師甲說：降低高寬比，輪胎胎面就顯得越寬；技師乙說：高寬比是輪胎的截面高度與 ③
截面寬度之比，下列何者正確？ ①技師甲 ②技師乙 ③兩者均對 ④兩者均不對。

( ) 167. 車輛前後輪充氣壓力的建議值是標示於何處？ ②
①引擎室蓋之 VECI 標籤　　　　　　② B 柱輪胎標籤牌
③前檔風玻璃下方 VIN 識別牌　　　④各輪輪胎側邊記號。

( ) 168. 當實施輪胎換位時，下列敘述何者是錯誤的？ ④
①更換備用輪胎尺寸不同時，則不可長期使用
②具方向性的輪胎必須維持安裝於車輛的同一側
③輪胎換位後要檢查胎壓
④前後輪胎對換時不需實施輪胎平衡。

( ) 169. 有關手排變速箱之敘述，技師甲說：變速箱會跳檔，可能是同步器軸套的之栓槽磨損； ④
技師乙說：變速箱會跳檔，可能是齒輪之外齒磨損，下列何者正確？
①技師甲 ②技師乙 ③兩者均對 ④兩者均不對。

( ) 170. 下列有關煞車系統之敘述何者錯誤？ ④
①空氣煞車系統儲氣箱的壓力達規定值後，空氣壓縮機空轉不再壓氣
②雙迴路液壓煞車總泵內有五個皮碗，其中第三個皮碗的凹口向後
③一般小型車的前輪分泵比後輪的分泵為大
④碟式煞車的來令片磨損後，其煞車踏板的自由行程會變大。

( ) 171. 檢修大氣浮懸式真空輔助煞車時，技師甲說：煞車踏板放鬆時，真空門關、大氣門開， ①
因此真空門如果漏氣，引擎容易怠速不穩或熄火；技師乙說：踩下煞車時，真空門關、
大氣門開，因此真空門如果漏氣引擎容易怠速不穩或熄火，何者正確
①技師甲對 ②技師乙對 ③兩者皆對 ④兩者皆錯。

( ) 172. 如圖所示欲調整煞車踏板之游隙時應先調整　①
①煞車燈開關調整螺帽
②總泵推桿
③回拉彈簧強度
④煞車蹄片厚度。

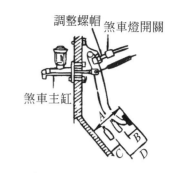

( ) 173. 有關鼓式煞車系統中手煞車之調整動作，下列敘述何者為正確？　②
①在調整手煞車之前，須先檢查煞車總泵油面高度　②在調整手煞車之前，應先確定
煞車間隙是否正常　③調整手煞車警告燈開關之位置，來修正手煞車行程　④在調整手
煞車之前，須將煞車系統中之空氣排放乾淨。

解 ① 檢查煞車總泵油面高度是在行車前例行性檢查工作。
③ 當煞車油液面高度不足時，警告燈會點亮。
④ 在檢修煞車系統後，應將煞車系統中之空氣排放乾淨。

( ) 174. 裝有動力輔助煞車裝置之車輛，其動力缸面伸出的推桿距離若太短，可能會造成　④
①煞車咬死　②煞車無法放開　③煞車踏板反彈　④煞車力不足。

( ) 175. 使用空氣煞車之聯結車煞車系統中的緊急中繼閥功用是　③
①防止後輪的鎖定　②使拖車之前半部與後半部各自獨立　③使拖車與曳引車分離，自
動使拖車產生煞車作用　④使前輪獲得較大的煞車作用力。

( ) 176. 關於真空輔助煞車系統技師甲說：將引擎發動踩住煞車踏板，立即將引擎熄火，若煞車　②
踏板高度保持一段時間不變，則表示輔助器不良；技師乙說：於引擎未發動時，踩住煞
車踏板，發動引擎後煞車踏板往下移動一小段距離，則表煞車輔助泵作用良好，何者敘
述較正確？　①技師甲對　②技師乙對　③兩者皆對　④兩者皆錯。

( ) 177. 現在車輛為防止駕駛人腳踩煞車踏板之力量不足造成影響煞車效能因此使用　①
① BAS　② ABS　③ ASR　④ ETS　裝置。

( ) 178. 測量 ABS 電磁感應線圈式之輪速感知器間隙時應使用　③
①厚薄規　②千分錶　③塑膠間隙量規　④內徑測微器。

( ) 179. 如圖所示為某 ABS 之油路電磁閥回路作用圖，技師甲說：　③
該油路圖顯示系統正在增壓模式；技師乙說：此狀態有可
能為正常煞車而防鎖定功能尚未作用，何者敘述較正確？
①技師甲對　　　　　　　②技師乙對
③兩者皆對　　　　　　　④兩者皆錯。

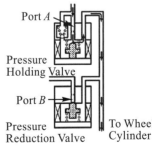

( ) 180. 現今胎壓感知器系統初始設定值依賴輪胎壓力計之訊號，但在下列何種情況下並不需重　④
新妥善校準該系統
①新車交車時　　　　　　　　　　　②更換輪胎的不同尺寸
③輪胎氣壓警告系統的 ECU 更換時　　④輪胎重新平衡校正後。

( ) 181. 某技師正從事煞車系統的檢查如圖所示，當旋轉煞車盤一圈
後，千分錶之指針擺動幅度為三格？
①煞車圓盤平面度檢查且不平度為 0.3 mm
②煞車圓盤偏擺度檢查且偏擺度為 0.03 mm
③煞車圓盤光滑度檢查且光滑度為 0.3 mm
④輪轂軸承端間隙檢查且軸端間隙為 0.03 mm。

②

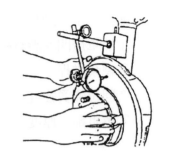

( ) 182. 下列敘述何者錯誤？
① 0%的打滑率表示車輪於無阻力狀態下自由轉動　② 100%的打滑率表示車輪被完全鎖
死狀態且車輪沿著路面打滑　③在粗糙之路面，碎石路或覆蓋雪的路面，配備 ABS 之煞車停止
距離應該比未配備 ABS 車輪的煞車停止距離為短　④為了維持最佳的煞車力與操控性水
準，車輪與地面間的打滑率應保持在 60～90%。

④

> 解　打滑率等於車速減輪速再除以車速，全部商值再乘以 100%(公式詳如第 118 題解析)。所以
> ① 車速減去輪速等於 0，打滑率為 0%正確。
> ② 輪速為 0 km/hr，所以車速減去 0 再除以車速等於 1，打滑率為 100%正確。
> ③ ABS 防鎖死煞車系統藉著電腦的控制，可讓四輪的煞車頻率每秒達到 16 次至 21 次之多，所以煞
> 車停止距離自然縮短。
> ④ 打滑率如果保持在 60%～90%之間是很可怕的，也就是當車速在 100km/hr 時，輪速衹有在 10～
> 40km/hr 之間，豈不車輪被鎖死，所以此答案是錯誤的。

( ) 183. 某車輛煞車警示燈電路如圖，技師甲說：該電
路圖顯示，當煞車油面高度不足時燈會亮起；
技師乙說：當手煞車放下時則警示燈應亮起，
何者敘述較正確？
①技師甲對　　　　　②技師乙對
③兩者皆對　　　　　④兩者皆錯。

①

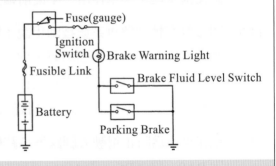

> 解　從電路圖中得知，當煞車油面高度不足時，浮筒內的小磁鐵會下降與車身負極接觸，形成迴路(Loop)，
> 此時煞車警示燈會亮起，所以技師甲敘述正確。

( ) 184. 某鼓式煞車如圖所示，當要調整煞車間隙時，
技師甲說：拆開煞車鼓利用起子轉動 Adjusting
Screw 調整；技師乙說：裝回煞車鼓後拉動手
煞車拉桿數次即可，何者敘述較正確？
①技師甲對　　　　　②技師乙對
③兩者皆對　　　　　④兩者皆錯。

②

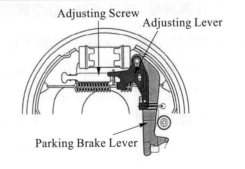

( ) 185. 測量差速器角尺齒輪(Pinion)預負荷(Preload)時，應使用
①千分錶　②厚薄規　③扭力扳手　④測微器。

①

( ) 186. 自動變速箱輪齒曲線大多採用　①擺線　②漸開線　③共軛曲線　④直線。

②

( ) 187. 手排變速箱齒輪之端間隙過大，會產生　①換檔困難　②亂檔　③跳檔　④無法傳動。

③

(　) 188. 一般的自動變速箱油面檢查應將選擇桿置於哪一個檔位？　①
①P 或 N　②D　③R　④1 或 2。

(　) 189. 手排變速箱之離合器片上有數個螺旋彈簧其目的是　③
①吸收張力衝擊　②吸收壓力衝擊　③吸收扭轉衝擊　④切離容易。

(　) 190. 手排 FR 車當排入倒檔時，副軸轉動方向為何？　①
①與排入前進檔相同　②與排入前進檔相反　③不轉動　④視前進檔位而定。

(　) 191. ATF 正常工作溫度應是　① 20～40℃　② 50～80℃　③ 90～100℃　④ 105～110℃。　②

解　ATF 是英文 Automotive Transmission Fluid 的縮寫，即"自動變速箱油"之意，正長工作溫度在 50℃～80℃。

(　) 192. 車輛起步時，正確操作離合器宜　①快踩慢放　②慢踩快放　③快踩快放　④慢踩慢放。　①

(　) 193. 影響迴轉半徑最大的因素為　①輪距　②軸距　③胎寬　④方向機。　②

(　) 194. Parking Brake 的中文意思是　①腳煞車　②停車　③公用煞車　④駐車煞車。　④

(　) 195. 一般小型車之煞車力　①
①前輪比後輪大　②後輪比前輪大　③前後輪相同　④各廠家設計不同。

(　) 196. 一般車輛煞車油應多少公里更換最為合理？　④
①十萬公里　②五萬公里　③四萬公里　④應依廠家規定時間里程更換。

(　) 197. 液壓煞車系統排放空氣步驟，首先排除　③
①前輪分泵　②後輪分泵　③總泵　④距離總泵最遠之分泵。

(　) 198. 清洗煞車系統各零件時，宜使用　①汽油　②香蕉水　③酒精　④煤油。　③

(　) 199. 碟式煞車其煞車片與碟盤是利用下列何者作用保持適當之間隙？　③
①回拉彈簧　②油壓　③分泵活塞油封　④分泵活塞。

(　) 200. 下列那一項不會影響車身高度　③
①輪胎胎壓不足　②懸吊彈簧太弱　③保險桿脫落　④負荷太重。

解　①②④答案均會讓車身高度降低，只有「保險桿脫落」沒影響車身高度。

(　) 201. 通常車輛輪胎胎面之磨耗極限，胎紋深度應在多少以上？　③
① 0.6 mm　② 1.0 mm　③ 1.6 mm　④ 2.0 mm。

(　) 202. 雙輪胎之輪距(Tread)之表示法是指　①兩側外輪中心線距離　②兩側內輪中心線距離　④
③兩側外輪緣間距　④兩側雙輪中心點距離。

(　) 203. 若將寬胎面的輪胎裝在前輪取代車廠標準胎，前輪軸承有何影響？　①
①增加負荷　②減少負荷　③減少轉動阻力④減少摩擦阻力。

(　) 204. 那一種鋼圈可以提高舒適性？　①鋼合金　②鋼絲　③鋁合金　④鑄鐵。　③

(　) 205. 輪胎氣壓過高會使　①煞車單邊　②轉向困難　③輪胎兩邊磨損　④行駛易跳動。　④

(　) 206. 當拆下安全氣囊(SRS)作檢修時，拆下之安全氣囊，標示 SRS 之正面應 ①朝上　②朝下　③朝前　④朝後　放置。　①

(　) 207. 操作 M/T 車輛起步，離合器接合時會發出跳動的可能原因為 ①踏板自由行程不足　②油路中有空氣　③離合器壓板變形　④踏板遊隙太小。　③

(　) 208. 分解傳動軸之十字軸萬向節，必需先作下列那一操作 ①取出油封　②取下扣環　③用鐵鎯頭敲打　④取下針軸承。　②

(　) 209. 某部汽車其差速器內盆形齒輪的轉速為 100 rpm，且知左邊車輪轉速為 50 rpm，則右輪之轉速及車子之轉向為何　①右輪 100 rpm，直線行駛　②右輪 150 rpm，向左轉　③右輪 150 rpm，向右轉　④左輪 150 rpm，直線行駛。　②

(　) 210. 一般機械式轉向齒輪須加下列何種潤滑油 ① SAE 30 齒輪油　② SAE 90 齒輪油　③ SAE 50 齒輪油　④自動變速箱油。　②

解　一般 SAE 30，50 號機油用在引擎上，SAE 90 號齒輪油黏性高，適合用於差速器或手排變速箱內，ATF 油則用於自動變速箱內。

(　) 211. 位於引擎飛輪與離合器壓板間的主要組件為 ①離合器片　②膜片彈簧　③離合器釋放叉　④離合器釋放軸承。　①

(　) 212. 設 1.表示離合器軸齒輪，2.表示主軸，3.表示主軸一檔齒輪，4.表示惰輪，5.表示副軸齒輪，6.表示副軸倒檔齒輪，7.表示傳動軸，則倒檔時之動力傳動順序為 ① 1264357　② 1564327　③ 1246537　④ 1543627。　②

(　) 213. 自動變速箱作用不正常，首先應檢查項目 ①油壓　②引擎真空　③失速檢查(Stall test)　④油面高度及油質。　④

(　) 214. 前輪軸承預負荷(Pre-load)超出規定值，將導致 ①軸承鬆動　②軸承燒損　③方向盤操作力加重　④煞車力降低。　②

(　) 215. 裝有自動變速箱之 F.F 車輛，拋錨拖吊時應注意 ①前輪著地　②前輪離地　③拖吊速度限制依廠家規定　④引擎運轉。　②

(　) 216. 在 A/T 扭力轉換器內部之定葉輪(Stator)，其功用為　①降低引擎輸出扭力　②功能與離合器類似　③增加引擎輸出扭力　④防止主、被動葉輪傳動滑差。　③

(　) 217. 下列何種情況會使離合器的釋放軸承產生異音？ ①離合器踏板放鬆時　②離合器踏板踩下時　③車輛高速行駛　④車輛低速行駛。　②

(　) 218. 若盆形齒輪過度磨損應更換 ①盆形齒輪　②角尺齒輪　③盆形齒輪及角尺齒輪　④盆形齒輪、角尺齒輪及差速小齒輪。　③

(　) 219. 安裝變速箱總成時，變速箱之離合器軸的齒槽應先塗一層 ①煤油　②含二硫化鉬之黃油　③機油　④齒輪油。　②

解　二硫化鉬可以保護和潤滑齒槽和齒輪。

(　　) 220. 手排車離合器片磨損，使離合器踏板自由行程(空檔)變小時，應調整　　③
　　　　①總泵推桿　②踏板止動螺絲　③分泵推桿　④分泵推桿及踏板止動螺絲。

(　　) 221. 前輪傳動之自排車輛，在修車時若有必要將汽車之後半部頂起，為避免車輛滑動此時排　　①
　　　　檔桿位置最好放在　①P 檔　②R 檔　③N 檔　④D 檔。

(　　) 222. 廠家規定液壓動力輔助方向盤左右打到底時間，不可過長是為防止損害　　③
　　　　①方向盤轉向機柱　②橫拉桿球接頭　③轉向機及轉向液壓泵　④輪胎軸承。

(　　) 223. 動力轉向機發生轉向困難的可能原因很多，下列那一項與轉向困難較無直接關係？　　④
　　　　①油量過少　②油壓過低　③輪胎氣壓過低　④油壓過高。

(　　) 224. 一般車輛測量動力轉向液壓泵油壓時，引擎的轉速應在　　①
　　　　①怠速　② 1000 rpm　③ 1500 rpm　④ 2000 rpm。

(　　) 225. 一般廠家規定車輛液壓動力輔助方向盤向左／右打到底，不可超過　　②
　　　　①5 秒　②15 秒　③30 秒　④40 秒。

(　　) 226. 車輛於正常路面，當行駛某一特定車速時方向盤會左右晃動，故障原因是由於　　②
　　　　①煞車碟盤變形　②輪胎平衡不良　③前束不正確　④後傾角不正確。

(　　) 227. 一般車輛前輪後傾角的主要目的是　　②
　　　　①易轉向　②保持車輛正前行駛　③輪胎不易磨耗　④胎面全面著地。

(　　) 228. 前輪定位若兩側後傾角不均，行駛會偏向　①較小側　②較大側　③兩側　④無關。　　②

　解　　附註：此公告解答錯誤，正確是①。

(　　) 229. 輪胎面產生鋸齒狀之磨痕時，其可能原因　　④
　　　　①外傾角調整不當　②後傾角調整不當　③內傾角調整不當　④前束調整不當。

(　　) 230. 車輛裝置煞車比例閥(Proportional valve)的功用　　①
　　　　①防止後輪提早鎖住　　　　　　　　　②防止前輪提早鎖住
　　　　③使後輪分泵煞車力大於前輪分泵煞車力　④提昇煞車力。

(　　) 231. 碟式煞車之活塞油封除密封作用外，尚有何種功能？　　②
　　　　①自動煞緊　②自動調整煞車來令間隙　③使活塞保持定位　④使活塞作用順暢。

(　　) 232. ABS 煞車系統，裝置四個車輪速感知器，代表作動器(Actuator)控制通路(Hydrulic channel)　　④
　　　　有多少？　①2 通路　②3 通路　③4 通路　④不一定。

(　　) 233. 液壓式前避震器洩漏油量均不足時，將導致　　②
　　　　①轉彎困難　②車輛行駛跳動，乘坐不平穩　③煞車力不足　④輪胎加速磨損。

(　　) 234. 單作用式避震器之主要功用是　　③
　　　　①增加彈簧強度　②幫助彈簧承受車重　③減少彈簧回跳　④增加彈簧性。

( ) 235. 使用特殊工具壓開球接頭(Ball Joint)時，　　　　　　　　　　　　　　　　④

　　　①逐漸加壓直到分開　　　　　　　　②逐漸加壓，偶爾動車身

　　　③快速加壓直到分開　　　　　　　　④逐漸加壓，偶而用鐵鎚敲打接頭附近。

( ) 236. 在輪胎動平衡檢測時，一般其不平衡容許值為　①1 g　②5 g　③10 g　④20 g。　②

( ) 237. 現代汽車所使用之安全氣囊(SRS)是利用何種氣體來充填膨脹　　　　　　　　　③

　　　①氫氣　②氧氣　③氮氣　④二氧化碳。

( ) 238. 手排車離合器作用並產生拖曳時，下列那一種情況是不可能的原因？　　　　　④

　　　①飛輪中心嚮導軸承咬死　　　　　　②離合器踏板空檔間隙太大

　　　③離合器片變形　　　　　　　　　　④離合器踏板空檔間隙太小。

( ) 239. 某容器外標示有 API-GL-4，則容器內是裝有下列哪一種油料？　　　　　　　④

　　　①煞車油　②引擎機油　③動力轉向液壓油　④差速器用齒輪油。

解 API-GL-4 標示中，API 代表 American Petroleum Institute 美國石油協會的縮寫，GL 是 Gear Lubrication Oil 齒輪油的縮寫，4 代表齒輪油的黏度，所以是差速器用齒輪油。

( ) 240. 自動變速箱內的制動帶一般是作用於　　　　　　　　　　　　　　　　　　　②

　　　①行星齒輪　②太陽齒輪　③環齒輪　④行星齒輪架。

解 制動帶用來控制前離合器鼓，一端以錨銷固定於外殼上，另一端由油壓伺服活塞控制。油壓作用時使太陽齒輪固定於外殼不動，比時以固定二檔前進，所以僅在前進二檔時，制動帶才會發揮作用。如圖所示構造。

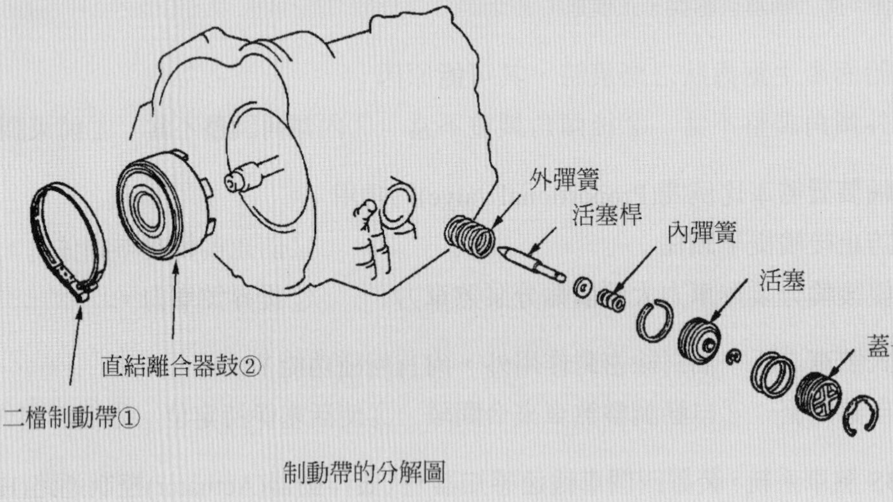

制動帶的分解圖

註：摘錄自全國工商出版社「自動變速箱」，圖 7-12。

( ) 241. 自動變速箱內之液壓油面太低時，下列敘述何者錯誤？　　　　　　　　　　　④

　　　①制動帶及離合器打滑　②潤滑效果降低　③油壓降低　④易產生漏油。

解 自動變速箱內之液壓油面太低時，不會產生漏油現象，漏油絕對與液壓油面高低無關。

( ) 242. 如圖示之操作簡圖，是實施差速器何項操作？　②

①檢查差速器軸承之邊間隙

②檢查盆形齒輪之偏移

③檢查盆形齒輪與角尺齒輪之齒隙

④檢查角尺齒輪與盆形形齒輪之後觸面高度。

( ) 243. 如圖示為碟式煞車系統，箭頭 A 所指之安裝為何種　③

機件？

①固定蹄片之鐵片　　②刮除圓盤鐵鏽之鐵片

③響片式磨損指示器　　④防止異音裝置。

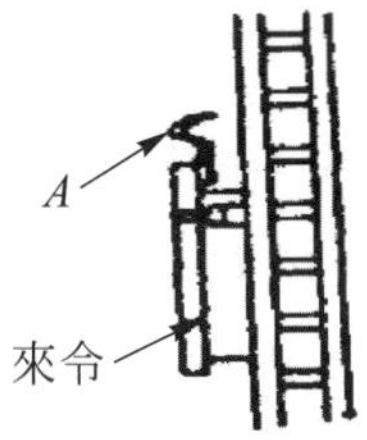

> 解　一般車輛碟式煞車來令片均裝有此"響片磨損指示器"，當來令片厚度低於 1.6mm 時，此鐵片會與碟盤接觸而發出"響聲"。

複選題

( ) 244. 如圖示關於(A)(B)離合器片之敘述，下列哪些是　①③

正確的？

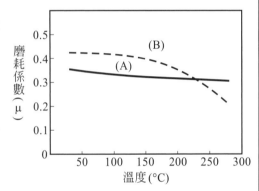

①離合器片的摩擦係數大約在 0.3～0.4 之間

②當溫度超過 250℃時摩擦係數會下降

③(A)的摩擦係數在常溫下較(B)低，但高溫時呈穩定狀態

④(B)其摩擦係數與溫度成正比。

> 解　如圖示可知：
> ① 離合器片的摩擦係數大約在 0.3～0.4 之間。
> ② 當溫度超過 150℃(不是 250℃)時，摩擦係數會下降。
> ③ (A)的摩擦係數在常溫下較(B)低，但高溫時是穩定狀態。
> ④ (B)其摩擦係數與溫度呈反比(非正比)。

( ) 245. 有關造成煞車時偏向原因之敘述，下列何者正確？　①②④

①左右輪胎的胎壓、磨損不均

②左右煞車來令片間隙不相等

③煞車輔助器真空閥失效

④左右輪之間的回拉彈簧的回復力不均。

> 解　③ 錯誤：煞車輔助器真空閥失效，會造成煞車力減弱(四輪)且煞車要用更大力量(腳力)，不會造成煞車偏向。

(　) 246. 有關煞車系統發生汽阻時，下列何者的判斷錯誤？　③
　　①甲技師說：這部車可能很久沒有更換煞車油所造成　④
　　②乙技師說：可能爲車輛下陡坡，未使用引擎煞車，過度使用煞車所造成
　　③丙技師說：可能爲煞車系統的表面來令有水、油或油脂
　　④丁技師說：碟式煞車塊間隙過小也會造成汽阻。

解　③ 錯誤：煞車系統的表面來令有水、油或油脂，會造成煞車力降低，不會造成汽阻。
　　④ 錯誤：碟式煞車塊間隙過小，會造成煞車卡滯或重拖，不會發生汽阻。

(　) 247. 下列有關檢修液壓輔助轉向系統敘述何者錯誤？　①
　　①更換液壓油時，不需將車輛頂起　②更換液壓油時，乃是拆開貯油桶上之進油管來讓　②
油流出　③將油排出時需間歇性操作啓動馬達讓引擎搖轉(引擎不能運轉)，並將方向盤
順、逆時針打到底　④更換液壓油後需排放系統之空氣。

解　① 錯誤：更換液壓油時，要從出油管將油流出，所以「需」將車輛頂起。
　　② 錯誤：更換液壓油時，乃是拆開貯油桶上之「出」油管來讓油流出。

(　) 248. 如圖所示爲某自動變速箱之換檔曲線圖，下列何者正確？　①由 A 到 C 時檔位變化爲 1　③
到 3 檔　②由 B 到 D 時檔位變化爲 2 到 3 檔　③B 爲 2 檔　④C 爲 2 檔 3 檔或 4 檔。　④

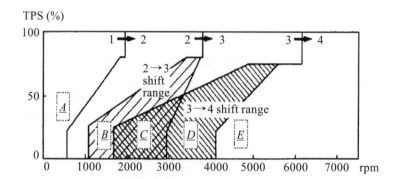

解　① 錯誤：如圖所示，由 A 到 C 時檔位變化爲 1 到「4」檔。
　　② 錯誤：由 B 到 D 時檔位變化由 2 到「4」檔。

(　) 249. 有關手排變速箱離合器的下列敘述何者錯誤？　①
　　①目前使用於汽車上的離合器包含摩擦及電磁離合器　②所有離合器皆是利用摩擦力來　②
傳輸動力　③離合器片上的圈狀彈簧是用來吸收來自飛輪及後輪軸突然的扭力振動　④
半金屬式的離合器片有較佳的熱傳導性及高強度。

解　① 錯誤：目前使用於汽車上的離合器，包括摩擦片式離合器，「液體離合器」及電磁離合器。
　　② 錯誤：「不是」所有離合器皆是利用摩擦力來傳輸動力，還有「扭力轉換器」或「電磁力」來傳輸
　　　動力。

(　) 250. 有關自動變速箱分解組合時注意事項之敘述，下列何者錯誤？　①
　　①可以戴上棉質手套　②金屬材質之元件可用一般清潔劑清洗　③離合器片、橡膠零件　④
需用 ATF 清潔　④安裝軸承時可使用黃油以協助軸承定位。

解　① 錯誤：由於棉質手套容易產生棉絮掉落在變速箱油路中造成阻塞損壞，所以不可以使用。
　　④ 錯誤：自動變速箱軸承屬於一體成型式，滾珠不會從軸承座上掉出來，所以不需使用黃油來固定。

(　) 251. 輪胎斷面寬度相同，有關輪胎扁平比之敘述下列何者錯誤？　①

①扁平比越大，抓地力越好　　　　　　②扁平比越小，高速時穩定性越好　③

③扁平比 80 的輪胎比扁平比 70 的輪胎更扁　④扁平比越大，路面變化反應更為敏感。　④

解　扁平比的定義：胎高／胎寬的比值(%)，原則上，扁平比越低(小)代表抓地力強，操控性能佳。

所以答案①應該是：扁平比越「小」，抓地力越好。

③扁平比 80 的輪胎應該比扁平比 70 的輪胎更「高」，而不是更扁。

附註：此公告解答錯誤，錯誤的題號是①③，正確是②④。

(　) 252. 51/2－JJ×13 4 114.3 15 有關輪圈標記之下列敘述何者正確？　①

① 51/2 代表輪緣寬度　　　　　　　② JJ 代表輪緣耳型式　②

③ 114.3 代表螺栓孔的節圓直徑　　④ 15 代表輪緣直徑。　③

解　④ 此題 51/2－JJ × 13，其中 13 代表輪圈直徑，15 不是輪圈直徑。

(　) 253. 有關四輪定位目的之敘述，下列何者為正確？　②

①提昇轉向所需之力量　　　　　　②提昇行駛穩定性　③

③提昇駕駛舒適性　　　　　　　　④提供輪胎轉向後自動回正之力量。　④

解　① 錯誤：提昇轉向所需之力量是「液壓輔助轉向系統」即動力泵，而不是四輪定位之目的。

(　) 254. 有關 TCS 防滑循跡控制系統之敘述，下列何者正確？　①

①利用煞車來防止車輪打滑　　　　②與防滑差速器作用相同　②

③以降低引擎輸出扭力來防止車輪打滑　④提早點火來防止車輪打滑。　③

解　④ 錯誤：「提早點火」是點火系統為達到完全燃燒而讓火星塞提前點火，與 TCS 防滑循跡控制系統無關。

(　) 255. 有關電腦控制式自動變速箱之敘述，下列何者為正確？　②

①換檔時機主要是利用加速踏板之節流壓力及引擎轉速之調速壓力來控制　②可使汽車　③

獲得較佳的省油性　③在換檔瞬間，會自動將點火時間略微延後　④有些汽車在換檔瞬　④

間會將迴路油壓略微降低，防止換檔瞬間的抖動。

解　① 錯誤：換檔時機主要是利用「儲存於電腦(ECU)內的程式(Program)來控制變速箱換檔及離合器的鎖定……等」。

(　) 256. 有關煞車性能之敘述，下列何者為正確？　①汽車在濕滑路面行駛，車輪較易產生鎖死　①

現象　②煞車時之理想滑移率應在 30～50%間　③煞車時之滑移率若達 100%時，表示車　③

輪被鎖死　④車輪被鎖死時，煞車效果會降低。　④

解　② 錯誤：煞車時之理想滑移率應在「10～15%」之間，而不是 30～50%。

附註：煞車滑移率= (車速 － 輪速)／車速× 100%

(　) 257. 有關煞車性能之敘述，下列何者為正確？　①滑移率達 100%時，其煞車力最大　②滑移率　②

達 100%時，其車輪之橫向轉向力幾乎為零　③滑移率達 0%時，其車輪之橫向轉向力最　③

大　④滑移率達 10～20%時，其制動效果最佳。　④

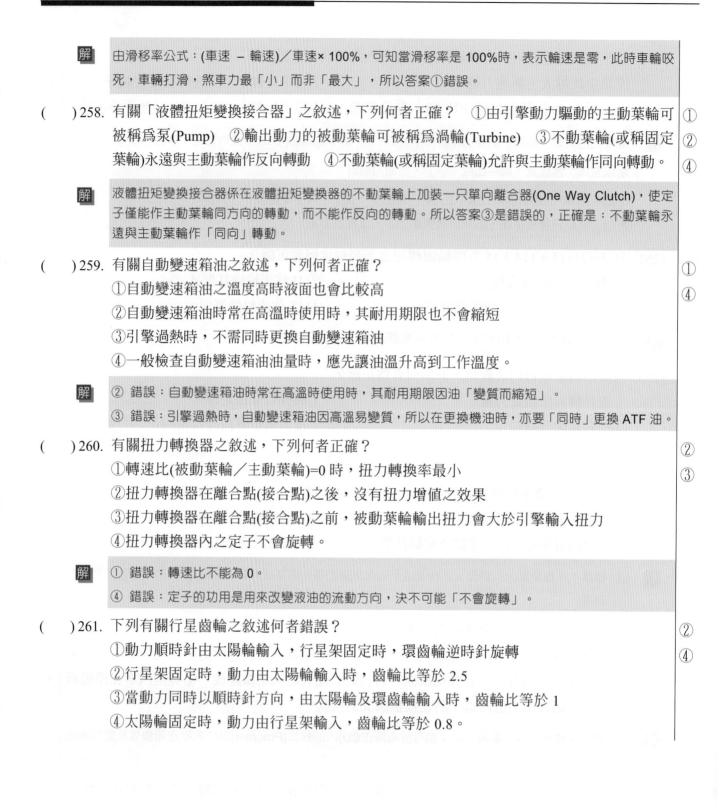

> **解** 由滑移率公式：(車速 − 輪速)／車速× 100%，可知當滑移率是 100%時，表示輪速是零，此時車輪咬死，車輛打滑，煞車力最「小」而非「最大」，所以答案①錯誤。

( ) 258. 有關「液體扭矩變換接合器」之敘述，下列何者正確？　①由引擎動力驅動的主動葉輪可被稱為泵(Pump)　②輸出動力的被動葉輪可被稱為渦輪(Turbine)　③不動葉輪(或稱固定葉輪)永遠與主動葉輪作反向轉動　④不動葉輪(或稱固定葉輪)允許與主動葉輪作同向轉動。　　①②④

> **解** 液體扭矩變換接合器係在液體扭矩變換器的不動葉輪上加裝一只單向離合器(One Way Clutch)，使定子僅能作主動葉輪同方向的轉動，而不能作反向的轉動。所以答案③是錯誤的，正確是：不動葉輪永遠與主動葉輪作「同向」轉動。

( ) 259. 有關自動變速箱油之敘述，下列何者正確？
①自動變速箱油之溫度高時液面也會比較高
②自動變速箱油時常在高溫時使用時，其耐用期限也不會縮短
③引擎過熱時，不需同時更換自動變速箱油
④一般檢查自動變速箱油油量時，應先讓油溫升高到工作溫度。　　①④

> **解** ② 錯誤：自動變速箱油時常在高溫時使用時，其耐用期限因油「變質而縮短」。
> ③ 錯誤：引擎過熱時，自動變速箱油因高溫易變質，所以在更換機油時，亦要「同時」更換 ATF 油。

( ) 260. 有關扭力轉換器之敘述，下列何者正確？
①轉速比(被動葉輪／主動葉輪)=0 時，扭力轉換率最小
②扭力轉換器在離合點(接合點)之後，沒有扭力增值之效果
③扭力轉換器在離合點(接合點)之前，被動葉輪輸出扭力會大於引擎輸入扭力
④扭力轉換器內之定子不會旋轉。　　②③

> **解** ① 錯誤：轉速比不能為 0。
> ④ 錯誤：定子的功用是用來改變液油的流動方向，決不可能「不會旋轉」。

( ) 261. 下列有關行星齒輪之敘述何者錯誤？
①動力順時針由太陽輪輸入，行星架固定時，環齒輪逆時針旋轉
②行星架固定時，動力由太陽輪輸入時，齒輪比等於 2.5
③當動力同時以順時針方向，由太陽輪及環齒輪輸入時，齒輪比等於 1
④太陽輪固定時，動力由行星架輸入，齒輪比等於 0.8。　　②④

解 ② 錯誤：由下表可知，當行星架固定時，動力由太陽倫輸入時，齒輪比是減速的倒數，

即 $\dfrac{a}{d}$ （d 是環齒輪的齒數，a 是太陽輪的齒數）。

④ 錯誤：太陽輪固定時，主動輪是行星架，若被動輪是太陽輪，

則齒輪比為 $\dfrac{a+d}{a}$，若環齒輪是被動輪，則齒輪比為 $\dfrac{a+d}{a}$。

單一行星齒輪組速比改變情形

條件	固定	主動	被動	減速比	方向	效果
1.	環齒輪		行星架	$\dfrac{a+d}{a}$	相同	大減速
2.	太陽齒輪			$\dfrac{a+d}{d}$	相同	小減速
3.	環齒輪		太陽齒輪	$\dfrac{a}{a+d}$	相同	大加速
4.	太陽齒輪		環齒輪	$\dfrac{d}{a+d}$	相同	小加速
5.	行星架	太陽齒輪	環齒輪	$\dfrac{-d}{a}$	相同	倒轉減速
6.		環齒輪	太陽輪	$\dfrac{-a}{d}$	相反	倒轉加速
7.	任意兩種齒輪鎖在一起			1：1	相同	直接傳動
8.	環齒輪、太陽齒輪、行星架無任何一機件固定					空檔
備註	太陽輪齒輪齒數為 a，環齒輪的齒數為 d					

( ) 262. 爲有關傳動軸與驅動軸，下列敍述何者正確？　③
①一般較常使用的萬向接頭只有十字接頭與等速接頭兩種　④
②十字接頭是一種不等速接頭，當主動軸等速運轉時，它只能使被動軸增加轉速
③等速接頭通常使用於驅動軸上
④使用十字接頭的傳動軸，其十字接頭的兩個軛必須安置在不同平面上。

解 ① 錯誤：依班較常使用的萬向接頭有「不等速」萬向接頭及等速萬向接頭兩種。

② 錯誤：十字接頭是一種不等宿接頭，當主動軸等速運轉時經萬向接頭後，因十字軸之擺動，使被動軸之轉速忽快忽慢，成爲波動。每一轉中僅有四點與主動軸同速。

( ) 263. 有關懸吊系統，下列敍述何者正確？　①
①多連桿式懸吊構造複雜但可得到最佳之乘坐品質及轉向能力　②
②麥花臣支柱式懸吊之構造簡單、重量較輕　④
③麥花臣支柱式懸吊在引擎室內之有效空間較少
④雙 A 臂式懸吊構造複雜但外傾角及輪距之變化較小。

解 ③ 錯誤：麥花臣支柱式懸吊系統由於構造簡單及重量較輕，所以在引擎內之有效空間"較多"。

( ) 264. 當操作方向盤轉向時，方向盤自動回正性不佳時，下列敍述那些爲可能之故障原因？　①
①前輪定位不良　　　　　　　　②方向機油洩漏　③
③轉向齒輪作用不良或安裝不當　　④轉向連桿球接頭不平順。　④

解 ② 錯誤：不可能之故障原因爲：方向機油洩漏僅會造成轉向不良或無作用(只剩下機械轉向吳輔助動力)。不會與轉向後自動回正不佳有關聯。

( ) 265. 有關液壓動力輔助轉向系統之敘述，下列何者正確？ ①
　　　　①若動力轉向泵內有卡搭卡搭之異音表示系統內可能有空氣 ②
　　　　②若系統內有空氣會使動力轉向泵之耐久性變差 ③
　　　　③若液壓油中有白色之泡沫表示系統內有空氣
　　　　④當引擎運轉及靜止時液壓油之液面應相差 5 mm 以上。

解 ④ 錯誤：由動力泵油尺刻劃可知「HOT LEVER」及「COLD LEVER」相差在 10mm，所以當引擎運轉及靜止時液壓油之液面應相差「10mm」以上。

( ) 266. 汽車加裝空氣動力套件之優點，下列敘述何者正確？ ②
　　　　①增加 cd 值　　　　　　　　　　②增加側風時之穩定性 ③
　　　　③減少風切噪音　　　　　　　　　④提供較佳之方向穩定性。 ④

解 ① 錯誤：汽車加裝空氣動力套件並不會增加「風阻係數 cd 值」，反而會減少 cd。
　　附注：cd 是 Corfficient Drag 風阻係數的縮寫。

( ) 267. 造成手排變速箱排檔困難，下列敘述何者正確？ ①
　　　　①液壓系統漏油　　　　　　　　　②離合器拉索斷裂 ②
　　　　③變速箱連鎖機構故障　　　　　　④離合器片磨損。 ③

解 ④ 錯誤：離合器片磨損，不會造成排檔困難，會造成動力速插，車速因離合器片磨損打滑而降低。

( ) 268. 有關煞車系統的敘述，下列敘述何者錯誤？ ①行駛中的車輛，所具有的動能與車重的 ③
　　　大小及行駛速度的平方成正比 ②當對行駛中的車輛實施煞車時，因為有動能的因素， ④
　　　所以煞車系統的機件溫度會升高 ③煞車系統機件中，只需煞車塊或煞車來令片具耐高
　　　溫即可 ④車輛行駛的速度越快，則將車子停下來所需的時間越短。

解 ③ 錯誤：煞車系統機件中，不僅只有煞車塊或煞車來令片具備耐高溫，還有跌盤、煞車分泵（卡鉗）及煞車油均需耐高溫，否則容易產生氣阻或煞車油變質等。
　　④ 錯誤：汽車之煞車距離＝空走距離＋實制動距離。所以車速越快，煞車距離越長，車子停下來所需的時間也越長（多）。

( ) 269. 下列為有關煞車性能之敘述，何者正確？ ①煞車鼓之摩擦力矩較車輪之摩擦力矩為大 ②
　　　時，其煞車效果最佳 ②汽車行駛中若前輪被鎖死，汽車將失去方向控制性 ③汽車行駛 ③
　　　中若後輪被鎖死，汽車易產生甩尾現象 ④汽車行駛中若車輪被鎖死，易造成輪胎磨損。 ④

解 ① 錯誤：煞車鼓之摩擦力矩較車輪之摩擦力矩為大時，車輪容易鎖死，而產生甩尾或打滑現象，煞車效果反而最差，也最危險。

( ) 270. 有關汽車行駛性能之敘述，下列何者為正確的敘述？ ①
　　　　①車在加速中，摩擦係數較低的車輪易產生打滑現象 ②前後車輪的驅動力不同，汽 ④
　　　車會向抓地力較低的方向偏離 ③當驅動輪打滑時，汽車也不會失去方向穩定性 ④配
　　　備 VSC 動態穩定控制系統的汽車，在轉彎控制上較穩定。

解 ② 錯誤：前後車輪的驅動力不同，汽車會向抓地力較「高」的方向偏離。
　　③ 錯誤：當驅動輪打滑時，汽車「會」失去方向穩定性，產生打滑或甩尾現象。

(　) 271. 下列為有關汽車行駛性能之敘述，請選出正確的敘述？　①車在加速中，摩擦係數較低的車輪易產生打滑現象　②前後車輪的驅動力不同，汽車會向抓地力較低的方向偏離　③當驅動輪打滑時，汽車也不會失去方向穩定性　④裝配 TCS 循跡控制系統的汽車，在轉彎控制上較穩定。　①④

解 解析同上題。

(　) 272. 使用低沸點煞車油，在溫度升高產生氣阻現象時　①煞車咬住　②煞車時容易煞停　③踏板踩踏阻力變軟　④煞車效能衰退。　③④

解 使用低沸點煞車油（例如：DOT3），在溫度升高時產生氣阻現象，亦即煞車管路中有空氣，會產生「踩下煞車踏板軟綿綿」及「煞車效能衰退（降低）」情形。

(　) 273. 有關整體式懸吊系統的敘述，下列何者正確？　①乘坐舒適　②可承受重負載　③轉彎時車身傾斜小　④構造較複雜。　②③

解 整體式懸吊系統係左右輪以一根軸相連接，例如平行片彈簧式懸吊裝置，為目前貨車使用最多型式。乘坐並不舒適但構造較簡單，所以①、④敘述錯誤。

(　) 274. 有關獨立式懸吊系統的敘述，下列何者正確？　①車輛之輪距會隨著車輪的跳動而改變　②左右車輪沒有車軸連接，可降低車輛重心　③左右車輪單獨跳動，相互影響小　④構造簡單，保養容易。　①②③

解 ④ 錯誤：構造簡單，保養容易屬於整體式懸吊系統的優點，獨立式正好相反。

(　) 275. 有關自動變速箱的敘述，下列何者正確？　①自動變速箱的檔位只與車速有關，當車速達到某一固定速率時就自動換檔　②電瓶沒電，難以利用推車的方式使自排車發動　③拖吊自排車時須使驅動輪離地　④抑制開關不良，引擎將無法發動。　②③④

解 ① 錯誤：自動變速箱的檔位變換與車速及「引擎負荷」有關。

附註：檔位「抑判開關」是為了防範在 D 檔或 R 檔(或 2、1 檔)時啟動，造成暴衝或暴退危險，只有放在 P 或 N 檔才可啟動的保護 S/W。

(　) 276. 有關一般行星齒輪式自動變速箱檢查 ATF 程序，下列何者正確？　①先使引擎達溫車狀態，ATF 達 50～80℃ 或以上　②檢查前先將排檔桿分別排入各檔位約 30～40 秒　③保持怠速，排檔桿置於 P 或 N 檔檢查　④車須停放平坦處，約於引擎熄火後 10 分鐘檢查。　①②③

解 ④ 錯誤：檢查 ATF 油必須在引擎發動，維持怠速狀態下檢查油面高度，與檢查機油不同。

(　) 277. 有關自動變速箱的敘述，下列何者正確？　①無法以推車發動　②目前 ATF 多數使用 DEXRON III 或 MERCON III 以上等級規格　③多數無段自動變速箱須使用 CVT 專用油　④拖吊車輛時須使兩驅動輪著地。　①②③

解 ④ 錯誤：拖吊車輛時須使兩驅動輪「離地」，否則自動變速箱會損壞。

(　) 278. 有關轉向系統的敘述，下列何者正確？　　　②④

①若方向盤的幅條不正，正確修護方法為將方向盤拆下後再裝正　②現代小客車的轉向多採用動力輔助轉向　③轉向連桿機件間的間隙若太大，可以雙手分握被頂高的前輪上下方，搖擺車輪時測出　④轉向前展若不正確會造成輪胎的磨耗。

> 解　① 錯誤：若方向盤的幅條不正，正確修護方法是調整前束角，重新前輪定位，而不是將方向盤拆下後再裝正。
> ③ 錯誤：轉向連桿機構(件)的間隙太大，應該雙手分握頂高的前端「左右」方向搖擺車輪時測出，上下是檢查車輛軸承是否磨損的檢測方法。

(　) 279. 有關檢查轉向系統方向盤游隙之敘述，下列何者正確？　①應先檢查轉向連桿間隙　②應先檢查前輪轂軸承間隙　③循環滾珠式轉向機預負荷正確時，方向盤游隙即可符合規定　④循環滾珠式轉向機預負荷不正確時，應加減蝸桿軸承蓋上墊片。　①②④

> 解　③ 錯誤：循環滾珠或轉向機預負荷正確時，才可以量測到方向盤的游隙。

(　) 280. 有關 SRS 系統，當撞擊使 Air Bag 爆開後，下列那些元件不可以繼續使用？　①②③

①撞擊感知器　②安全氣囊本體總成　③ SRS 電腦總成　④轉向機柱。

> 解　④ 轉向機柱與 SRS 系統(乘客安全系統，即擁有安全氣囊 Air Bag 車)無關，Air Bag 爆開後勿需更換。

(　) 281. 下列哪些項目是動力輔助式之方向盤轉向始動力增加的可能原因？　①②④

①輪胎胎壓不足　②後傾角過大　③外傾角過大　④轉向柱彎曲。

> 解　③ 錯誤：外傾角(CHAMBER)過大會造成輪胎吃胎且吃外側，不會影響轉向始動力。

(　) 282. 自排車輛排檔桿由 N 排至 D 或 R 檔位時產生入檔延遲現象比較可能原因？　①③

①油面高度低於下限　②油面過高　③油壓調整閥不良　④抑制開關不良。

> 解　② 油面過高會影響變速，齒輪容易被拖滯。
> ④ 若抑判開關不良，引擎無法啟動。

(　) 283. 比較碟式煞車與鼓式煞車，下列何者為碟式煞車之優點？　②③④

①縮短煞車距離　　　　　　　　　　②檢修方便
③排水性佳　　　　　　　　　　　　④冷卻效果較好。

> 解　① 錯誤：碟或煞車並不能縮短煞車距離，因為刹車距離等於空走距離+實制動距離。

(　) 284. 操作手排車輛液壓控制式離合器系統，離合器片磨損則　①③

①踏板自由間隙變小　②踏板自由間隙變大　③踏板作用行程變大　④踏板作用行程變小。

> 解　手排車輛液壓控制或離合器系統因離合器磨損造成「踏板自由間隙變小」，所以「踏板作用行程變大」，選擇①③才對。

(　) 285. 有關液壓式動力輔助轉向系統，方向盤操作力太重與下述何者有關？　①②③

①動力泵皮帶過鬆　　　　　　　　②動力泵油壺油面過低
③引擎怠速過低　　　　　　　　　④前束太大。

解　④ 前束(Toe In)過大會造成車輛行駛時無法保持直線行走，會自行偏轉，與方向盤操作力無關。

(　)286. 無配置 ABS 之小型車輛當排放煞車油管內部空氣時，可利用下列哪些方式進行？　①③④

　①發動引擎利用真空輔助器協助，多次踩踏板，然後排放空氣

　②必須先發動引擎後熄火，踩踏板排放空氣

　③不發動引擎，多次踩踏板，然後排放空氣

　④可選擇操作真空吸油機來排放空氣。

解　② 錯誤：不需要先發動引擎在熄火，多此一舉，可以在發動時排放煞車管路中空氣，或不發動引擎排放空氣。

(　)287. 未配備 ABS 裝置之車輛，行駛時踩煞車踏板呈周期性反彈現象，可能原因？　①②

　①煞車碟盤變形　②煞車鼓失圓　③回拉彈簧彈力太弱　④煞車油過多。

解　③ 錯誤：回拉彈簧彈力太弱若造成煞車卡滯現象，煞車來令片與煞車鼓間易產生摩擦高熱和損耗。

　④ 煞車油過多，不會造成踩煞車踏板反彈現象，只會容易溢出而已。

(　)288. 下列機件何者與電腦控制自動變速箱(ECAT)的換檔(SHIFT)有關？　②③④

　①離心調壓閥　②手動閥

　③ T/C 鎖定伺服閥　④節流閥位置感知器。

解　① 離心調壓閥屬於傳統自動變速箱在控制升降檔，與 ECAT 無關。

(　)289. 操作自動變速箱的 stall test(失速測試)時，檔位選擇桿應擺在下列那些位置？　②③④

　① N　② R

　③ D　④ L。

解　① 若放在 N(空檔)檔時，引擎空轉，與自動變速無法接合，自然不能測速 Stall test(失速測試)了。

(　)290. 手排變速箱排檔困難，與下列何者有關？　②③④

　①離合器片磨損　② Synchronizer 磨損

　③離合器片偏擺度過大　④飛輪偏擺度過大。

解　① 離合器片磨損會造成引擎轉速與車速落差太大，與排檔困難無關。

(　)291. 操作液壓式自動變速箱之失速測試(stall test，可以用來檢查下列何者？　③④

　①行星齒輪噪音　②節流閥油壓高低　③扭力轉換器不良　④離合器磨損。

解　失速測試不能用來檢查「行星齒輪噪音」及「節流閥油壓高低」，行星齒輪噪音可以使用音診氣診斷，節流閥油壓高低要使用「自動變速箱試驗台」才可以測試出來。

(　)292. 下列那些項目檢查不合格，會造成煞車時，汽車偏向單邊？　①②③

　①胎壓不正確　②前輪校正不正確

　③左右煞車力量不平均　④煞車踏板游隙太大。

解　④ 煞車踏板游隙太大會造成煞車遲滯現象。

( ) 293. 有關 SRS 系統之敘述，下列何者正確？　②③④

①乘員毋須繫上安全帶　②引爆過的氣囊應予換新勿重覆使用　③車輛發生撞擊時，可降低乘員頭部、頸部、胸部受傷的嚴重程度　④氣囊為一輔助性的安全裝置。

> 解　SRS 系統乘員仍需繫上安全帶，否則臉部及胸部會撞向安全氣囊而受傷。

( ) 294. 手排變速箱之齒輪油油量超過規定值時，以下何種情況最可能發生？　①無法排入倒檔　②③

②行駛時引擎油耗增加　③齒輪油容易洩漏到離合器　④排檔時會產生亂檔。

> 解　① 錯誤：離合器片打滑或磨損才會無法排入倒檔，與齒輪油油量超過規定值無關。
> ④ 錯誤：只有在定位鋼珠失效時，排檔時會產生亂檔，與齒輪由超量無關。

( ) 295. 欲測試液壓自動變速箱的制動帶、離合器片磨損狀態，可進行以下何種測試？　②③④

①管路油壓測試　　　　　　　　　②失速測試
③路試　　　　　　　　　　　　　④換檔測試。

> 解　① 錯誤：管路油壓測試可以量測出各檔換檔的時間點是否無誤，通常利用自動變速箱試驗台測試，無法測試自動變速箱制動帶，和氣片磨損狀態。

( ) 296. 安裝輪軸承於輪軸時，須注意檢查其　①②③

①轉動扭力　　　　　　　　　　　②軸承螺帽定位
③軸端間隙　　　　　　　　　　　④輪胎異音。

> 解　④ 錯誤：若輪胎產生異音，可能原因為前輪定位不良或輪胎吃胎及異常磨損不平所致，與安裝輪軸承(bearing)無關。

( ) 297. 有關操作輪胎平衡之敘述，下列何者正確？　②③④

①平衡前原有配重不可拆下　　　　②平衡前胎壓要正常
③平衡前要先檢查輪圈失圓度　　　④換新的輪胎亦要做平衡。

> 解　① 錯誤：利用輪胎平衡機做輪胎平衡時，等一件工作就是將輪圈上原有配重拆下，才能測量出正確配重。

( ) 298. 駕駛裝有液壓動力轉向之車輛，於轉向後方向盤回復不良，下列何者為可能原因？　①④

①輪胎氣壓不足　②動力泵驅動皮帶太緊　③外傾角不正確　④轉向連桿機構過緊。

> 解　② 錯誤：動力泵驅動皮帶太緊，會造成動力泵軸承損壞，與轉向後方向盤回復不良無關。
> ③ 錯誤：外傾角(CAMBER)不正確，會造成輪胎內側或外側吃胎現象(偏磨耗)，不會造成方向盤回復不良。

( ) 299. 自排車輛排檔桿標示 P.R.N.D.S.L 不同檔位選擇，若 S 檔位為雪地模式，下列敘述何者正確？　①使用 S 檔位與 D 檔位起步檔位是相同的　②S 檔位有引擎煞車功能　③S 檔位為 SPORT 模式　④選擇 S 檔位時，為 2 檔起步。　②④

> 解　① 錯誤：S 檔位起步檔位是 2 檔，D 檔位起步是 1 檔，所以起步檔位二者不同。
> ③ 錯誤：S 檔位是 SNOW 雪地行駛模式，不是 SPORT 運動模式。

( ) 300. 自排車輛排檔桿標示 P.R.N.D.S.L 不同檔位選擇，若 L 檔位為 LOW 模式，下列敘述何者正確？　①使用 L 檔位與 D 檔位起步檔位是相同的　②L 檔位為加力檔　③行駛長陡坡使用 L 檔位　④選擇 L 檔位駕駛時其換檔模式為 1⇆2 檔或固定 1 檔。　①③④

解 ② 錯誤：L 檔位相當於 1 檔或 2 檔，並不是加力檔，有加力檔一般為四輪傳動車(4WD)才有。

( ) 301. 手排變速箱車輛離合器打滑，下列敘述何者正確？ ①
①油耗增加 ②引擎動力輸出下降 ③
③爬坡無力 ④高速行駛無力。 ④

解 ② 錯誤：離合器打滑不會造成引擎動力輸出下降，只會造成傳遞在車輪上的動力和轉速下降。

( ) 302. 進行某前置引擎前輪驅動之 2WD CVT 車輛拖吊時，如圖示 A、B、C、D 四種方法，下 ①
列何者為正確拖吊方法？ ① A ② B ③ C ④ D。 ②
④

解 前置引擎前輪傳動無段變速率(2WD、CVT)在拖吊時，不可讓前輪著地，如此會損壞自動變速箱，所以答案③(圖示 C)錯誤。

( ) 303. 下列敘述何者正確 ①車子若方向盤的幅條不正，正確修護方法為將方向盤拆下後再裝正 ②
②現代小客車的轉向多採用動力輔助轉向 ③轉向連桿機件間的間隙若太大，可以雙手分 ④
握被頂高的前輪上下方，搖擺車輪時測出 ④轉向前展若不正確會造成輪胎的磨耗。

解 ① 錯誤：方向盤的幅條不正，應該做好「前輪定位」工作，通常是前束角不對，不可以將方向盤拆下後再裝正。

( ) 304. 車輛方向盤操作力太重與下述何者有關？ ①
①後傾角過大 ②輪胎胎壓過低 ②
③橫拉桿(Tie-rod)球接頭轉動力太緊 ④前束太小。 ③

解 ④錯誤：前束太大會造成車輛行駛時偏向或吃胎，不會造成方向盤操作太重。

工作項目④ 汽車電系（含空調）

單選題

(②) 1. 將 2 Ω、3 Ω 及 5 Ω 三個電阻串聯連接通以 0.5 A 之電流時，則兩端電壓應為
① 50 V　② 5.0 V　③ 20 V　④ 0.05 V。

> **解** 串聯總電阻
> $R = R_1 + R_2 + R_3 = 2 + 3 + 5 = 10W$
> $V = IR$
> $\therefore V = 0.5 \times 10 = 5.0V$。

(①) 2. 下列敘述何者正確
①串聯電路上通過各電阻之電流相同　②並聯電路上總電壓等於分電壓之和
③串聯電路上總電流等於分電流之和　④並聯電路上各電阻所生電壓與電阻成正比例。

(④) 3. 12 V 60 W 的燈泡，當燈泡點亮時，消耗電流為　① 12 A　② 7.2 A　③ 6 A　④ 5 A。

> **解** 由公式：
> $W = V \times I \Rightarrow I = \dfrac{W}{V}$
> $\therefore I = \dfrac{60}{12} = 5A$。

(③) 4. 檢查汽車電器有無短路最好使用　①檢驗燈　②電壓錶　③電流錶　④歐姆錶。

(④) 5. 線圈的自感應電壓發生於
①電流剛流通時　②電流值到達穩定時　③電流剛停止時　④電流剛流通及剛停止時。

> **解** 當電流切斷時，磁力線迅速的消失，因磁力線的變化使線圈感應產生電動勢。反之，在開關接通之瞬
> 間，因電流進入線圈，磁場由無到有，線圈亦感應一電動勢(電壓)。

(④) 6. 下列何者與電磁感應電壓的大小無關
①通過線圈的電流　②線圈圈數　③線圈內磁場的變化　④通過線圈電流的方向。

> **解** 由公式可以得知：$E = L\dfrac{I}{T}$，其中 E 為自感應產生之電動勢，電感為 L，t 表示時間，I 代表流過線圈之
> 電流變化，其中 $L = \dfrac{N\phi}{I}$(單位為亨利)，N 為線圈之匝數，f 代表磁通量，所以電壓的大小與通過線圈
> 電流的方向無關。

(①) 7. 通常交流電電壓是 110 V，此 110 V 是指交流電的
①有效電壓　②最大電壓　③平均電壓　④週率。

(③) 8. 如圖示符號表示
①整流粒　②定壓轉流粒　③ PNP 電晶體　④ NPN 電晶體。

(①) 9. 頻率電磁閥的工作周期(Duty cycle)單位為　①%　② Hz　③秒　④分。

(　) 10. 12 伏特電瓶兩個，24 伏特燈泡兩個，下列何者接線正確？　①

(　) 11. 若將 24V 規格之燈泡裝於 12V 之電路中，則　③

①燈泡不亮　②燈泡燒壞　③燈泡亮度變弱　④亮度不變。

解　24V 規格之燈泡裝於 12V 電路中，由於電壓不足，使得燈泡亮度變弱。

(　) 12. 靜態測試二極體是否正常，可使用三用電錶之　③

① DCV 檔位　② DCA 檔位　③歐姆檔位　④ ACV 檔位。

解　DCV 表示"直流電壓"檔位，ACV 表示"交流電壓"檔位，DCA 表示"直流電流"檔位，只有歐姆檔可測試二極體導電通情形，且在"Ω"檔"200Ω"檔位旁有"➡︎⊢"符號可供辨識。

(　) 13. 將同電壓、同容量的兩個電瓶串聯時　①電壓不變，容量加倍　②電壓加倍，容量不變　②

③電壓、容量均不變　④電壓、容量均加倍。

解　電路串聯時，電壓相加。並聯時，電壓不變。

(　) 14. 電瓶充滿電時　①正極板為 PbO_2，負極板為 Pb　②正極板為 Pb 負極板為 PbO_2　③正負　①

極板均為 $PbSO_4$　④正極板為 PbO 負極板為 PbO_2。

解　在充電作用中電流由極板所吸收，使硫酸鉛變成過氧化鉛[(PbO_2)正極板]及純鉛[(Pb)負極板]。

正極板　電解液　負極板　　　　　正極板　電解液　負極板

$$PbSO_4 + 2H_2O + PbSO_4 \xrightarrow{\text{充電}} PbO_2 + 2H_2SO_4 + Pb。$$

(　) 15. 汽車配置 12V 電瓶，於引擎起動時，其電瓶起動電壓應高於多少時表示電瓶良好？　②

① 10.5V　② 9.6V　③ 8V　④ 7V。

解　一般車輛在起動時馬達需要電流為 150±10A，所以電瓶電壓應自 12.5V 降至 9.6V 以上才算合格。

(　) 16. 電瓶在充電過程中，當即將充滿時　①充電電流仍逐漸增加　②充電電壓仍逐漸升高　③

③電水比重在 1 小時內幾乎不變　④電水比重仍逐漸升高。

解　電瓶在充電過程中，當即將充滿時，快速充電機的電流輸入將近零，也就是電水比重值因充電完成而不會改變。

(　) 17. 增加電瓶的極板數量或極板面積，則電瓶的　①電壓變大，電容量不變　②電壓不變，　②

電容量變大　③電壓與電容量均變大　④電壓與電容量均變小。

(　) 18. 有一 12 V　120 AH 的電瓶，若以瓦特小時來表示其電容量，應該為多少瓦特小時？　④

① 0.1　② 10　③ 132　④ 1440。

(　) 19. 假若將二個 12 V　50 AH 的電瓶串聯時，則其電壓與電容量會變為多少？　③

① 12 V　50 AH　② 12 V　100 AH　③ 24 V　50 AH　④ 24 V　100 AH。

( )20. 檢查電瓶之分電池液面，若不足時，應添加　①電水　②蒸餾水　③硫酸　④自來水。　②

( )21. 使用快速充電機對電瓶充電時，其充電電流通常為電瓶電容量的多少倍？　②
①1　②1/2　③1/5　④1/10。

( )22. 1μF 等於　①106 F　②103 F　③0.001 F　④0.000001 F。　④

( )23. 有四個 12 V，50 AH 的電瓶，兩個串聯成一組，再將兩組並聯，其結果為　②
①12 V，200 AH　②24 V，100AH　③24 V，50 AH　④48 V，50 AH。

( )24. 電磁開關與超速離合器型起動馬達，當引擎起動時，小齒輪飛出後又退回，如此反覆動作，　④
其故障原因在　①電樞線圈　②磁場線圈　③吸入線圈　④吸住線圈斷路或接觸不良。

( )25. 如圖示是檢查何者斷路　①
①吸入線圈　　　　　②吸住線圈
③電樞線圈　　　　　④磁場線圈。

解　吸入線圈檢驗方法有兩種：

(1) 動態檢驗：將電瓶的正極接於 ST 線頭，負極接於 M 線頭，此時小齒輪應撥出，或柱塞應被吸引。詳如下圖所示。

(2) 利用歐姆錶檢查時，先將電磁開關與馬達本體之連接線拆除，再使用歐姆錶正極接 ST 線頭，負極線接 M 線頭，此時指針應在 0Ω 位置(導通之意)。詳如下圖所示。

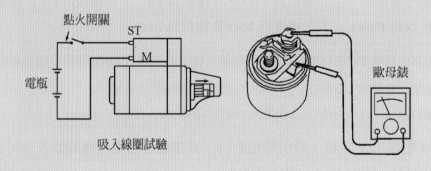

吸入線圈試驗

註：摘錄自全國工商出版「實技汽車電學」圖 7-46。

( )26. 起動馬達超速離合器的作用是　①增加起動馬達驅動扭力　②使起動馬達超速驅動　③
③使起動馬達不致於被發動後的引擎驅動　④使引擎能超速起動。

解　起動馬達的小齒輪若在引擎起動後仍然接合在一起時，則馬達線圈極易燒毀。

( )27. 裝置自動變速箱的汽車起動引擎時，起動馬達不作用之可能原因為　①自動變速箱選擇　②
桿在 N 檔位　②起動安全(抑制)開關不良　③引擎卡死　④電瓶搭鐵極性裝反。

解　起動安全開關(抑制開關)的功能係防止引擎在 D.2.1 或 L 檔位時起動，僅可以在 P 或 N 檔時起動，以維護行車安全。

( )28. 起動馬達作無負荷檢驗時，若轉速慢，又輸入電流小時，其故障原因是　①
①電刷接觸不良　②軸承太緊　③電樞軸彎曲　④電樞線圈短路。

( )29. 以電樞試驗器檢查電樞，若放在電樞上的鋸片會跳動時，表示該電樞　②
①正常　②短路　③斷路　④搭鐵。

(　) 30. 起動馬達的無負荷試驗是試驗馬達在無負荷時的　②
①扭力及轉速　②電流及轉速　③電壓及扭力　④電流及扭力。

(　) 31. 試驗起動馬達性能的三種方法是　①
①起動馬達負荷、無負荷和靜止扭力試驗　　②起動馬達負荷，無負荷和轉速試驗
③起動馬達負荷，無負荷和電阻試驗　　　　④起動馬達轉速，電阻和負荷試驗。

(　) 32. 三用電錶的歐姆錶，一極碰電樞整流子，另一極碰電樞軸，此是檢查　②
①電樞線圈是否短路　②電樞線圈是否搭鐵　③電樞線圈是否斷路　④磁場線圈是否絕緣。

(　) 33. 一般起動馬達之超速離合器作用不良卡死時可能會造成　①起動馬達空轉　②引擎轉速　④
變快　③引擎轉速變慢　④引擎發動後，起動馬達驅動小齒輪不會脫離。

(　) 34. 交流發電機充電系統，充電指示燈應接往那一個線頭？　④
①A 線頭　②IG 線頭　③N 線頭　④L 線頭。

(　) 35. 現代車輛充電系統如提供有自我偵測裝置時，當發電機 B 線斷路時，則行駛中　②
①充電指示燈亮，充電正常　　　　　　　②充電指示燈亮，不充電
③充電指示燈亮，過度充電　　　　　　　④充電指示燈不亮，不充電。

(　) 36. 交流發電機的靜子是由三組線圈繞成 Y 型接線，構成三相交流發電機，每組線圈的相位　②
差　①180°　②120°　③90°　④60°。

解　如下圖所示，在 Y 型接線中每一夾角均為 120°。

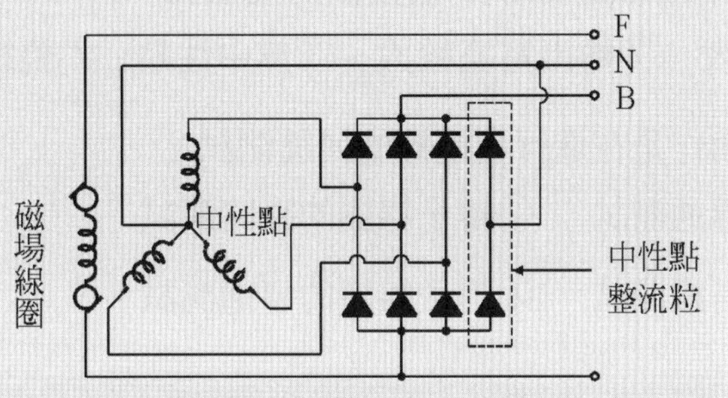

中性點加裝整流粒之交流發電機

註：摘錄自正工出版社「汽車電系」，圖 5-7-50。

(　) 37. 汽車上的電瓶搭鐵極性接反時，最先燒壞的是　③
①保險絲　②點火線圈的一次線圈　③發電機的二極體　④起動馬達電磁開關。

(　) 38. 夜間行車頭燈燈泡時常燒壞應檢查　③
①電瓶樁頭　②頭燈保險絲　③發電機電壓調整器　④頭燈搭鐵線。

解　電壓調整器不良易造成電壓過高，燈泡較易燒毀。

(　) 39. 交流發電機的旋轉方向對發電機性能沒有影響，但應注意　①
①皮帶盤上風扇葉片的方向　　　　　　　②發電機電壓調整器的規格
③發電機在引擎上的裝置位置　　　　　　④電瓶的搭鐵極性。

解　皮帶盤上風扇葉片的方向與發電機本體散熱有關，應該風向吹向發電機。

( ) 40. 關於交流發電機的敘述下列何者為正確？ ④
①引擎過熱時，交流發電機的發電量必會增加　②交流發電機的調整器設有電流調整器
③交流發電機的輸出電流經過碳刷　④交流發電機利用半導體整流。

> 解　通常交流發電機利用六個二極體(半導體)整流。

( ) 41. 交流發電機的 Y 型靜子線圈留有幾個線頭　①2 條　②4 條　③5 條　④6 條。 ②

( ) 42. 充電系統正常時且未使用電器負載時，車上電瓶的充電電流應該是　①不管引擎轉速快 ④
慢，充電電流保持一定　②不管引擎運轉時間長短，充電電流保持一定　③引擎剛發動
後充電電流較小，以後逐漸增加　④引擎剛發動，充電電流較大，以後逐漸變小。

( ) 43. 為了控制交流發電機的輸出電壓，所以調整器要 ④
①控制磁場電壓　②控制轉子速率　③限制磁場電流之輸出　④限制輸入磁場之電流。

( ) 44. 電瓶過度充電的原因是 ③
①轉子線圈搭鐵不良　②風扇皮帶太緊　③電壓調整器損壞　④靜子線圈斷路。

( ) 45. 汽車上的電瓶搭鐵線不良時，可能發生 ④
①電瓶過度充電　②發火線圈發燙　③發電機的二極體損壞　④電瓶輸出功率變小。

( ) 46. 汽車使用的發電機其規格標示，下列何者正確？ ①
① 14 V-60 A　② 840 V　③ 60 V-14 A　④ 14 A-60 Ω。

( ) 47. 交流發電機的靜止線圈使用 Y 型接法的優點為 ①
①輸出電壓較大　②輸出電流較大　③無中性點　④繞線較容易。

( ) 48. 如圖所示，此動作是在進行發電機的何種測試？ ③
①轉子線圈的導通測試　②轉子線圈的斷路測試
③轉子線圈的搭鐵測試　④靜子線圈的導通測試。

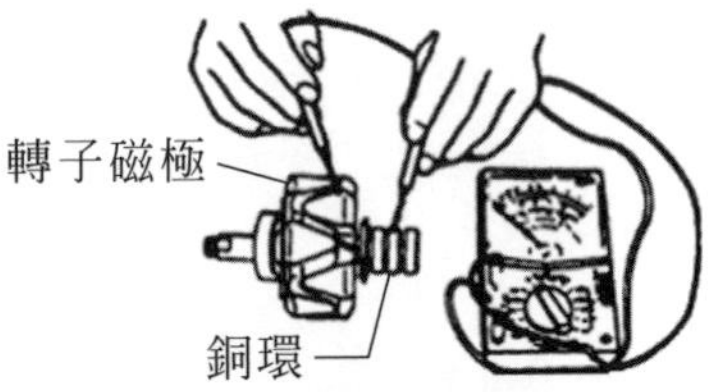

轉子磁極

銅環

( ) 49. 四缸引擎，使用具有兩缸同時點火功能之直接點火系統，則同時跳火的兩缸 ③
①為第一缸及第二缸　②為第一缸及第三缸　③分別在壓縮上死點及排氣上死點　④分
別在壓縮上死點及進氣下死點。

> 解　直接點火系統兩缸同時點火以三菱汽車為代表(例如菱帥 LANCER)，同時直接點火以相對缸為主，如
> 1-4 或 2-3 缸在壓縮上死點和排汽上死點時同一時間點火。

( ) 50. 冷式火星塞　①散熱容易，適合高速引擎　②散熱容易，適合低速引擎　③散熱慢，適 ①
合重負載引擎　④散熱慢，適合低負荷引擎。

> 解　冷式火星塞，中央陶瓷的深度較大，散熱快，所以適合高速引擎。

( ) 51. 引擎於下列何種情況需要點火提前較多 ①
①使用較高辛烷值汽油　　　　　　　②同一轉速負荷較大時
③混合氣較濃時　　　　　　　　　　④為減少 HC 及 NO_x 廢氣時。

> 解　當使用較高辛烷值汽油時，由於抗爆震高，所以可以將點火時間提早。

(　) 52. 電子式點火系統的閉角角度　　　　　　　　　　　　　　　　　　③
　　　　①固定不變　　　　　　　　　　　　②引擎轉速愈高,閉角角度愈小
　　　　③引擎轉速愈高,閉角角度愈大　　　　④沒有閉角角度。

(　) 53. 電瓶搭鐵極性接反,起動引擎時,電晶體點火系統中的那一個組件會損壞　①
　　　　①電子控制器(點火器)(Trigger Box 或 Control Unit)　②發火線圈　③分電盤內拾波線圈
　　　　(Pick-up Coil)　④分火頭。

(　) 54. 火星塞間隙過大時,　　　　　　　　　　　　　　　　　　　　　②
　　　　①跳火電壓高,火花線長　　　　　　　②跳火電壓高,火花線短
　　　　③跳火電壓低,火花線長　　　　　　　④跳火電壓低、火花線短。

　解　電極間隙愈大,跳火電壓愈高,相對地,跳火線亦愈短。詳如下圖所示。

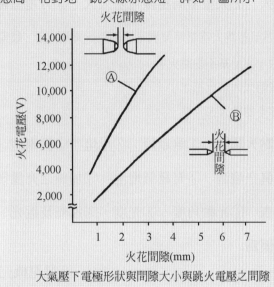

大氣壓下電極形狀與間隙大小與跳火電壓之間隙

註:摘錄自正工出版「汽車電系」,圖 5-8-73。

(　) 55. 發火線圈的能供電壓,電子點火系統應在　　　　　　　　　　　　③
　　　　① 10kV　② 20kV　③ 30kV　④ 50kV　以上。

(　) 56. 由示波器檢查各缸的跳火電壓時發現某缸的跳火電壓太高,較可能是該缸之　④
　　　　①分火頭間隙太小　②火星塞高壓線電阻太大　③分電盤蓋髒污　④火星塞間隙太大。

(　) 57. 有關火花點火引擎下列何者正確?　①點火太晚,容易爆震　②點火過早,容易過熱　④
　　　　③火花塞間隙愈大,跳火電壓愈低　④引擎轉速愈高,跳火電壓愈低。

(　) 58. 火花塞間隙不變時　①壓縮壓力增加會使跳火電壓降低　②點火提前會使跳火電壓增高　④
　　　　③混合比調稀會使跳火電壓降低　④火花塞電極溫度升高會使跳火電壓降低。

(　) 59. 檢查磁力式電晶體點火系統磁極之空氣間隙應使用　　　　　　　　④
　　　　①歐姆錶　②閉角錶　③正時燈　④非導磁式厚薄規。

　解　歐姆錶係用來量測電線歐姆值或導通情形,閉角錶係量測白金閉合角度,也就是充磁時間大小。正時
　　　燈係用來量測點火提前角度,只有非導磁性厚薄規可用來量測磁極之空氣間隙。

(　) 60. 測量火星塞電極間隙之標準工具是　①厚薄規　②線規　③測微器　④鋼尺。　　②

( ) 61. 拆下火星塞，中央電極處有積碳或上機油，可能是　①熱度等級太冷式　②熱度等級太熱式　③火星塞間隙太大　④引擎過熱。　①

( ) 62. 檢查點火正時應　①依廠家規定的轉速操作　②在 2000 rpm 以上時操作　③在轉速很慢時操作　④在任何轉速操作。　①

( ) 63. 各類廠牌電子點火之主要差異部位是　①高壓電路之發火線圈　②高壓電路之火星塞　③高壓線材質　④控制低壓電路之信號感應裝置。　④

解 各類廠牌電子點火之主要差異部份是控制低壓電路之信號感應裝置，例如傳統式的白金系統是利用白金接點的閉合和張開來控制點火線圈充磁和放電，電子式與電盤是用 N、S 極相對感應來控制火花。

( ) 64. 由引擎示波器查看各缸的跳火電壓時發現某缸的跳火電壓太低，可能是該缸之　①分火頭間隙太大　②火星塞高壓線電阻太大　③分電盤蓋髒污　④火星塞間隙太小。　④

解 由引擎示波器查看各缸的跳火電壓時發現某缸的跳火電壓太低，最有可能的原因是：火星塞間隙太小。
① 分火頭間隙太大，火星塞不易跳火。
② 火星塞高壓線電阻太大則火花太小。
③ 分電盤蓋髒污亦不易跳火。

( ) 65. 下列何種燈須經點火開關　①煞車燈　②小燈　③倒車燈　④危險警告燈。　③

( ) 66. 鹵素燈泡係　①真空燈泡　②充氫氣燈泡　③加碘之充氬氣燈泡　④充鹵氣燈泡。　③

( ) 67. 頭燈對光時應檢查　①光軸角度　②光度　③遠光及近光　④光軸角度及光度。　④

( ) 68. 頭燈時常燒壞是因為　④
①線路短路　　　　　　　　　　②發電機充電電流太大
③發電機充電電流太小　　　　　④發電機調整器調整不當。

解 電壓調整器調整不當造成充電電壓太高，以致於頭燈經常燒壞。

( ) 69. 以集光式頭燈試驗器測試頭燈時，頭燈和試驗器受光部間距離為　①
①1 公尺　②2 公尺　③3 公尺　④4 公尺。

( ) 70. 組合式的汽車頭燈，一般是採用鹵素燈泡，它比一般普通燈泡　①
①壽命長，亮度高　②壽命短，亮度高　③壽命長，亮度低　④壽命短，亮度低。

( ) 71. 使用方向燈時，發現煞車燈或尾燈也同時微亮表示　②
①方向燈線路鬆脫　　　　　　　②電路搭鐵不良
③方向燈燈泡瓦特數不符規定　　④方向燈線路接錯。

解 方向燈線路若不良則方向燈不亮，燈泡瓦特數不符規定(24V)則閃爍時太暗，線路接錯方向燈不作用，所以僅有搭鐵不良煞車燈或尾燈會同時微亮。

( ) 72. 使用方向燈時，發現方向燈會亮而不閃，表示　④
①方向燈線路鬆脫　　　　　　　②電路搭鐵不良
③方向燈泡瓦特數太大　　　　　④閃光器故障。

( ) 73. 車輛行駛中煞車警告燈亮，表示　②
①充電系不充電　②煞車油壺油面太低或煞車片厚度不夠
③煞車來令卡住圓盤　④煞車油溫度過高。

解　① 發電機不充電時充電警示燈亮。
② 煞車油壺油面太低時，浮筒搭鐵造成迴路則煞車警告燈亮。
③ 煞車來令片卡住圓盤係分泵咬死現象(分泵故障)。
④ 煞車油溫度過高會導致煞車油沸騰造成汽阻及煞車失靈。

( ) 74. 關於汽車儀錶下列敘述何者正確？　③
①速率錶指針直接連接於驅動軸上
②電熱偶式燃油錶，油滿時可變電阻變大
③速率錶在汽車前進及後退時均作用
④機油壓力警告燈的熄燈油壓約為 5 kg/cm² 。

( ) 75. 當點火開關 ON 時，若將電熱偶式燃油錶之油箱浮筒線頭拔下直接搭鐵，則此時燃油錶　④
指針會指在　① 1/2　② 1/4　③ E　④ F。

( ) 76. 電熱偶式溫度錶正常時，若將水溫感知器的線頭拔下直接搭鐵，則此時溫度錶指針會指　④
在　① 1/2　② 1/4　③ C　④ H。

( ) 77. 汽車儀錶板上之警告燈號，通常為　①綠色　②紅色　③藍色　④紫色。　②

( ) 78. 一般在電磁式喇叭上，註記有「L」字母者為　①
①低音喇叭　②中音喇叭　③高音喇叭　④超高音喇叭。

解　電磁式喇叭上，"L"為"Low"的縮寫，是低音喇叭之意，"H"是"High"的縮寫，高音喇叭之意。

( ) 79. 雨刷開關 off 時，雨刷片立即停止，其可能原因為　③
①雨刷馬達本體搭鐵不良　②馬達本體不良　③靜位開關不良　④雨刷開關不良。

( ) 80. 三電刷式的雨刷馬達，當間隔180度的二個電刷接通時，此時雨刷為運轉　③
①高速運轉　②中速運轉　③低速運轉　④不動。

( ) 81. 一般汽車冷氣鼓風機的轉速控制是利用　①
①電阻器　②電壓　③不同轉速的個別馬達　④馬達磁場的強弱。

解　鼓風機風量的改變係改變電阻的大小，則電流量亦隨之變化大小，可控制鼓風機的轉速。

( ) 82. 汽車冷氣忽冷忽熱其原因為　④
①冷媒過多　②冷媒過少　③膨脹閥調整不當　④冷媒中有水分。

解　冷媒中若有水分則易結冰而堵塞管路或膨脹閥，以致冷氣忽冷忽熱。

( ) 83. 冷媒充填過多　①
①高低壓錶壓力均比正常高　②高低壓錶壓力均比正常低
③低壓錶比正常低，高壓錶比正常高　④低壓錶比正常高，高壓錶比正常低。

( ) 84. 能依熱負荷的變化而控制冷媒流量大小的機件為　③
①壓縮機　②貯液筒　③膨脹閥　④蒸發器。

解 ① 壓縮機的功用為將冷媒在蒸發器所吸收的熱量壓縮至冷凝器而排除及維持繼續不斷的冷氣系統循環。
② 貯液筒的功用係儲存冷媒，液氣分離及具有乾燥、過濾冷媒雜質之功效。
④ 蒸發器的功用係將冷媒由液態蒸發變成氣態，以吸收空氣的熱量。

( ) 85. 下列何項不是貯液筒的功用　①吸收冷氣系統內的水分　②儲存多餘的冷媒　③使流出　④
的冷媒全為液態　④使中溫高壓冷媒變成低溫中壓冷媒。

解 請參看第 84 題說明。

( ) 86. 經由冷凝器出來的冷媒狀態為　②
①中溫高壓氣態　②中溫高壓液態　③中溫低壓氣態　④中溫低壓液態。

解 請參考下圖冷媒流程可知：在進入冷凝器之前由於受到壓縮機的作用形成高壓高溫氣態冷媒，經遇冷凝器散熱冷卻後成為中溫高壓液態冷媒。

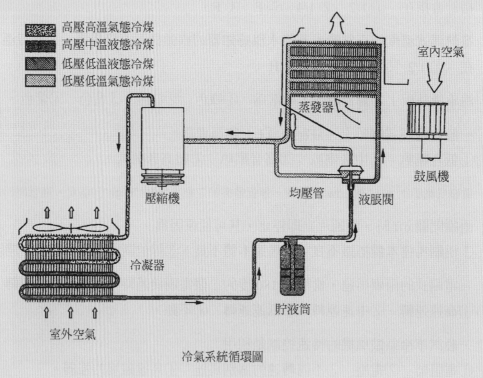

　高壓高溫氣態冷媒
　高壓中溫液態冷媒
　低壓低溫液態冷媒
　低壓低溫氣態冷媒

室內空氣

蒸發器

鼓風機

壓縮機　　均壓管　液脹閥

冷凝器

貯液筒

室外空氣

冷氣系統循環圖

註：摘錄自「汽車空調」，圖 2-3。

( ) 87. 冷氣系統中下列敘述何者錯誤？　③
①貯液筒檢視窗如發現氣泡多表示冷媒量不夠　②貯液筒兩端連接錯誤會造成冷氣不冷
③經過膨脹閥流出的冷媒為低溫低壓氣態冷媒　④吸入壓縮機的冷媒為氣態。

解 經過膨脹閥流出的是低溫低壓的"液態"冷媒，不是"氣態"冷媒，再經過蒸發器做熱交換後才成為氣態冷媒。

( ) 88. 汽車冷氣系統在正常的情況下，進入冷凝器前的冷媒狀態為　①
①高壓氣態　②低壓氣態　③高壓液態　④低壓液態。

(　) 89. 汽車冷氣系統在正常的情況下，進入蒸發器的冷媒狀態為　④
①高壓氣態　②低壓氣態　③高壓液態　④低壓液態。

(　) 90. 汽車冷氣系統在正常的情況下，冷媒進入壓縮機後的狀態變化為　①高壓氣態變低壓氣　②
態　②低壓氣態變高壓氣態　③高壓液態變低壓液態　④低壓液態變高壓液態。

(　) 91. 在汽車冷氣系統中，膨脹閥是裝在　③
①壓縮機出口處　②儲液筒入口處　③蒸發器入口處　④冷凝器出口處。

(　) 92. 在汽車冷氣系統中，蒸發器的作用為何？　①使冷媒由氣態變成液態　②吸收冷媒中的　④
水份　③吸收冷媒的熱量　④吸收車箱內空氣之熱量。

(　) 93. 一冷凍噸的冷氣機，其每小時的排熱量為　②
① 10000 Btu　② 12000 Btu　③ 14000 Btu　④ 16000 Btu。

(　) 94. 冷氣系統中膨脹閥之開度大小是用下列何者大小來控制？　①
①溫度　②電壓　③風扇轉速　④空氣流速。

(　) 95. 在做冷氣系統檢修時，大多將冷氣高低壓錶中央的黃色軟管接到何處？　③
①壓縮機高壓端　②壓縮機低壓端　③真空泵　④冷凝器。

解　在做冷氣系統檢修時，高低壓錶中央黃色軟管接到"真空泵"，右邊藍色軟管接到冷媒管路"低壓端"接頭，左邊紅色軟管接到"高壓端"接頭。

(　) 96. R-134a 冷媒被用來取代 R-12 冷媒，是因為 R-134a 中不含　②
①氟(F)　②氯(Cl)　③氫(H)　④碳(C)。

(　) 97. 一般來說在做冷氣系統檢修時，抽真空的主要目的為　①方便充填冷凍油　②使冷媒容　③
易充填　③將系統中之水份與空氣排除　④增加系統中的冷媒量。

(　) 98. 冷氣系統若由 R-12 冷媒改為 R-134a 冷媒，其冷凍油的種類是　②
①不用更換　②必須更換　③依廠牌而決定要不要更換　④不須要冷凍油。

解　R-12 冷媒與 R-134a 冷媒冷凍油均不同，若更換冷媒時，冷凍油亦需要隨之更換。

(　) 99. 在冷氣系統中，當液態冷媒的表面壓力減低時，則冷媒　①容易變成氣態而吸熱　②不　①
容易變成氣態而吸熱　③容易變成氣態而放熱　④不容易變成氣態而放熱。

(　) 100. 一般來說小型汽車冷氣系統的冷凝器是安裝在　①
①冷卻水箱前面　②風箱內　③引擎側面　④儀錶板下面。

(　) 101. 一般來說感溫式膨脹閥是將感溫球(棒)裝在　③
①冷凝器出口　②冷凝器入口　③蒸發器出口　④蒸發器入口。

(　) 102. 現代小型汽車空調之暖氣熱源一般為　③
①引擎本體　②電阻式加熱器　③高溫之冷卻水　④高溫之機油。

解　為了節省能源並避免浪費熱能，一般小型汽車空調之暖氣熱源均來自高溫的冷卻水。

( ) 103. 利用冷媒回收機回收冷氣系統中之冷媒時，若冷媒排放速度太快容易造成 ①冷凍油的流失 ②檢修錶損壞 ③冷媒排放不完全 ④水份與空氣排放不乾淨。 ①

( ) 104. 汽車冷氣系統在正常的情況下，冷媒從儲液筒出來進入膨脹閥前應該是 ①氣態 ②液態 ③一半液態、一半氣態 ④不一定，依當時溫度而定。 ②

( ) 105. 車輛空調系統中，哪一個組件是用來偵測冷媒的不足？ ①水溫感知器 ②壓力開關 ③感溫模組 ④ A/C 開關。 ②

( ) 106. 一般車輛恆溫空調系統正常作動中，下列何者是恆溫控制單元用來作動壓縮機離合器的訊號？ ①引擎冷卻液溫度 ②電瓶電壓 ③車內與車外空氣溫度 ④蒸發器溫度與車內溫度。 ③

( ) 107. 如圖所示，若 $R_1 = 100\ \Omega$，$R_2 = 300\ \Omega$，則其總電阻 R 若干？ ① 75 Ω ② 100 Ω ③ 250 Ω ④ 400 Ω。 ①

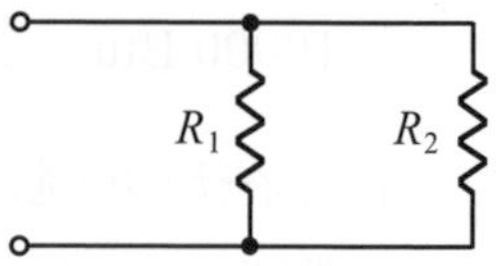

( ) 108. 一般車輛之安全帶縮緊器(Seat belt pre-tensioner)位於何處？ ①前座底部 ②在肩部固定釦座 ③內建於安全帶釦 ④內建於安全帶的捲帶器中。 ④

( ) 109. 一般電動冷卻風扇的溫度開關(Temperature Switch)線頭脫落時可能 ①風扇不作用 ②風扇會持續運轉 ③保險絲燒壞 ④引擎自動熄火。 ②

( ) 110. 新 D 型汽油噴射引擎進氣歧絕對管壓力感知器(MAP)的主要元件為一種 ①壓電晶體 ②霍耳晶體 ③光電晶體 ④磁感應元件。 ①

( ) 111. 如圖所示之邏輯閘其特性為 ①輸入 A = 0 B = 1 時輸出 C = 1 ②輸入 A = 0 B = 0 時輸出 C = 1 ③輸入 A = 1 B = 0 時輸出 C = 1 ④輸入 A = 1 B = 1 時輸出 C = 1。 ④

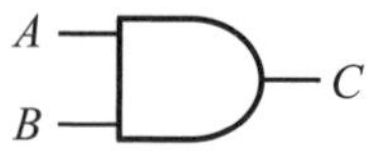

( ) 112. 如圖所示之邏輯閘為哪一類型 gate？ ① AND ② OR ③ INV ④ Process。 ②

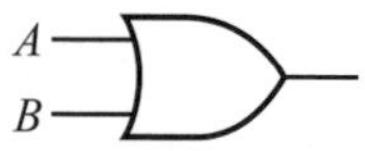

( ) 113. 電腦內操作微處理機的程式是存於？ ① ROM ② RAM ③ CPU ④ A/D 轉換器。 ①

( ) 114. 如圖所示之邏輯閘為哪一類型 gate？ ① AND ② OR ③ NAND ④ NOR。 ④

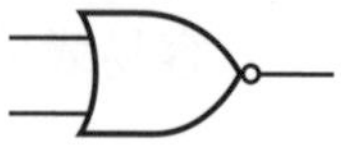

( ) 115. Start motor overhaul 的中文意思是 ①起動馬達的解剖 ②起動馬達的翻修 ③全部的起動系統 ④起動引擎系統。 ②

解 Start motor overhaul 其中 Start 是"啟動"之意，motor 是"馬達"之意，overhaul 是"翻修"之意。

( ) 116. 交流發電機靜子線圈如採用 Y 型接線，其線電壓等於 ①等於相電壓 ② 2 倍相電壓 ③ 3 倍相電壓 ④ 1.732 倍相電壓。 ④

( ) 117. 含 IC 調整器的交流發電機，IC 調整器內除電晶體外主要元件為 ① SCR ②可變電阻 ③定壓整流粒 ④繼電器。 ③

(　) 118. 如圖所示電路中之 A、B 開關可用下列那一個邏輯閘取代？　②
① AND　② OR　③ INV　④ NAND。

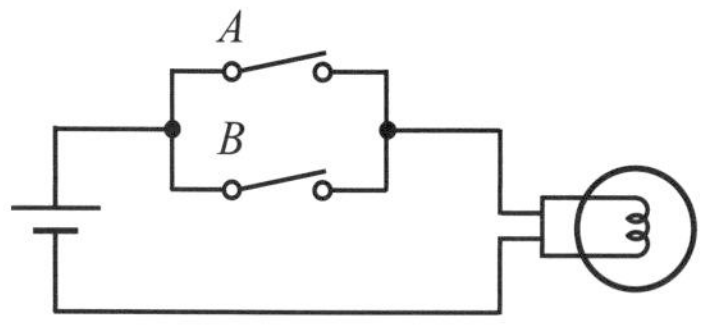

(　) 119. 交流發電機之靜子線圈如以△型接線有何優點？　①
①線間電流大　②線間電壓高　③構造簡單、接線容易　④中相點可以利用。

(　) 120. 充電系 IC 電壓調整器，其內部有一主要電子零件用來偵測發電機的輸出電壓，以使 IC　④
電壓調整器控制磁場電流，此電子零件為
① Diode　② SCR　③ Transistor　④ Zener diode。

(　) 121. 鹵素頭燈燈泡內充入何種氣體　①氖　②氟　③氯　④碘。　④

(　) 122. Electronic display meter 的中文意思是　②
①電子錶　②電子式儀錶　③電動儀錶　④液晶儀錶。

(　) 123. 小型車常用雨刷馬達(Side brush wiper motor)是利用下列何者來控制轉速　③
①磁場磁通量　②磁場電流量　③電樞線圈通電量　④電樞線圈電流量。

(　) 124. 測試汽車冷氣系統高壓端壓力，在正常工作條件下約為　④
① 1.5kg/cm^2　② 15psi　③ 150kPa　④ 15kg/cm^2。

(　) 125. 冷氣壓縮機上"S"端應接往　①冷凝器　②貯液筒　③蒸發器　④膨脹閥。　③

(　) 126. 電瓶經高速放電後,各分電池之電壓差不得超過多少 V　① 0.01　② 0.1　③ 0.5　④ 1.5。　②

(　) 127. 車輛交流發電機於線路輸出端處常並聯一電容器，其目的為　④
①保護電晶體　②保護磁場線圈　③保護靜子線圈　④使輸出電壓穩定。

(　) 128. 下列何者不是 IC 電壓調整器的優點？　②
①無接點火花產生，不會干擾收音機　　　　②對電壓及溫度抵抗較佳
③輸出電壓較為穩定　　　　　　　　　　④體積小可以裝於發電機內。

(　) 129. 檢驗交流發電機的靜子線圈有無短路，宜用什麼工具　①
①電流錶　②電壓錶　③檢驗燈　④歐姆錶。

(　) 130. 有 12 V　300W 及 24 V　300 W 兩個發電機，那一個發電機能提供較大的電流　①
① 12 V 發電機　② 24 V 發電機　③一樣多　④不能比較。

(　) 131. 使頭燈與電瓶直接連接，減少燈開關與線路上電壓降，以提高頭燈效率之電器零件是　①
①頭燈繼電器　②頭燈對光器　③超載斷流器　④燈總開關。

(　) 132. 如圖所示符號代表　④
①閘流體　　　　　　　②交流二極體
③稽納二極體　　　　　④發光二極體。

( ) 133. 如圖所示電路所示，當 $R_1 = 15\,\Omega$、$R_2 = 20\,\Omega$ 時，總電阻為多少？　①

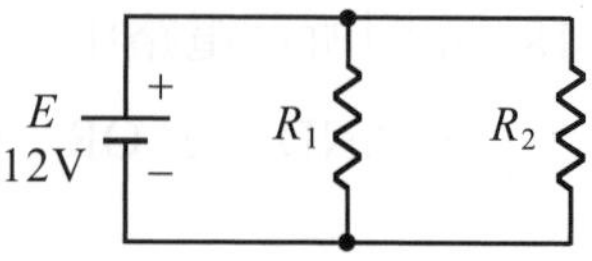

① 8.57 Ω　② 10.5 Ω　③ 7 Ω　④ 9.57 Ω。

> **解**　R_1 和 R_2 是並聯，依據並聯公式：$\dfrac{1}{R} = \dfrac{1}{R_1} + \dfrac{1}{R_2}$
>
> 代入 $\dfrac{1}{R} = \dfrac{1}{15} + \dfrac{1}{20}$ 得到 $R = \dfrac{60}{7} = 8.57\,\Omega$

( ) 134. 在數位邏輯中，反或閘的符號為　④

① 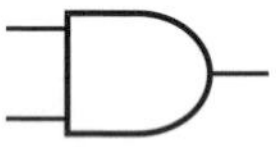 　② 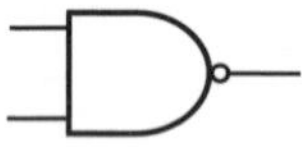 　③ 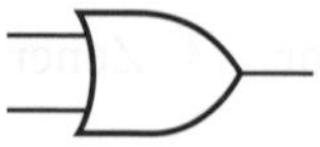 　④ 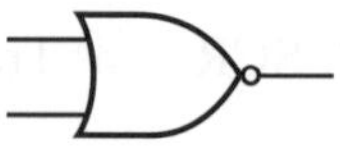 　。

( ) 135. 如圖電路所示，當 $R_1 = 6\,\Omega$、$R_2 = 3\,\Omega$、$R_3 = 2\,\Omega$ 時，總電阻 RT 為多少？　①

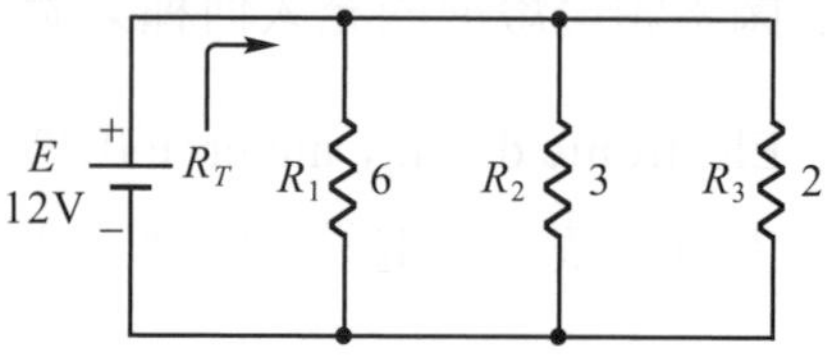

① 1 Ω　② 1.5 Ω　③ 2 Ω　④ 3 Ω。

( ) 136. 繼電器一般係使用下列何者零件串聯，來消除逆向脈衝？　①
①二極體　　　　②電容器
③電阻器　　　　④電阻器及電容器。

( ) 137. 如圖電路所示，M 點之電壓應為　④
① 0.45 V　　　② 1.2 V
③ 2.5 V　　　④ 4 V。

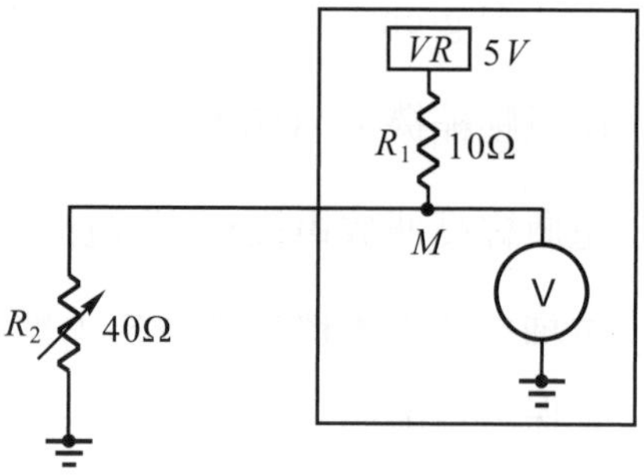

( ) 138. 引擎轉速在 1200 rpm，理想點火時間是位於活塞到上死點前 1/600 秒，求該轉速下的理想點火時是上死點前多少度　① 6°　② 8°　③ 10°　④ 12°。　④

( ) 139. 電系中『CAN』為下列何者之縮寫？　②
① Controller All Network　　　　② Controller Area Network
③ Center of Area Network　　　　④ Center of All Network。

( ) 140. 含 IC 調整器的交流發電機，其充電指示燈與充電線路應接往發電機上之　②
① F 線頭、L 線頭　② L 線頭、B 線頭　③ R 線頭、B 線頭　④ S 線頭、B 線頭。

( ) 141. 有關車載網路系統使用 CAN 的敘述，下列何者錯誤？　④
①可使佈線簡單化，降低成本
②減少感知器數量，實現訊息資源共享
③提升車輛整體運作的可靠性
④可簡化維修儀器，僅使用數位電錶即可偵測故障。

複選題

(　) 142. 有關電學的敘述，下列何者正確？　　　　　　　　　　　　　　　　　　　　①
　　　　①半導體具有導體及非導體的特性，其導通與否由外在的條件決定，如電、光或熱等　　③
　　　　②車用電瓶所提供的電流爲交流電　　　　　　　　　　　　　　　　　　　　　　④
　　　　③電阻的單位爲歐姆，以符號 Ω 表示
　　　　④非導體中的電木或雲母片可做爲電器用品中良好的絕緣材料。

　　解　②錯誤：車用電瓶所提供的電流為「直流電」。

(　) 143. 有關 IC 特性的敘述，下列何者正確？　　　　　　　　　　　　　　　　　　　　①
　　　　①藉由整合將體積減到最小　　　　　　　　　　　　　　　　　　　　　　　　③
　　　　②高功率消耗　　　　　　　　　　　　　　　　　　　　　　　　　　　　　④
　　　　③整體的結構提供極高的可靠性
　　　　④量產使得價格低廉。

　　解　②錯誤：IC 的特性之一為「低功率的消耗」，所以省電。

(　) 144. 有關電瓶的敘述，下列何者正確？　　　　　　　　　　　　　　　　　　　　　①
　　　　①電瓶自放電的速度與電瓶的溫度成正比，溫度越高則放電的速度越快　　　　　②
　　　　②當電極板的活性物質剝落時，電瓶的蓄電能力會降低　　　　　　　　　　　　④
　　　　③電瓶液的比重會隨著溫度而改變，溫度越高，比重越大
　　　　④當電瓶液的比重下降至 1.200 時，則需將電瓶充電。

　　解　③錯誤：電瓶液的比重與溫度有關，溫度高時會造成電解液膨脹，比重變「小」而不是越大。

(　) 145. 有關點火線圈的敘述，下列何者正確？　　　　　　　　　　　　　　　　　　　①
　　　　①點火線圈含有一次線圈和二次線圈　　　　　　　　　　　　　　　　　　　　②
　　　　②一次線圈會自感應出約 300 V 的電壓　　　　　　　　　　　　　　　　　　③
　　　　③點火線圈是變壓器的一種
　　　　④二次線圈最少要有 100,000～150,000 V 的高壓電。

　　解　④錯誤：二次線圈最少要有「10,000～15,000」的高壓電。

(　) 146. 有關檢修起動馬達的敘述，下列何者正確？　　　　　　　　　　　　　　　　　②
　　　　①執行電磁開關回復、吸入或吸住測試時，測試時間應在 1 分鐘內完成　　　　　③
　　　　②執行電磁開關吸入測試時，需先將 M 端子上的接頭移除，以免測試時小齒輪轉動
　　　　③在電磁開關的 ST 端子接上電瓶正極，負極在馬達外殼搭鐵，用手將小齒輪拉出後仍然
　　　　　停留在該處，表示吸住線圈狀況良好
　　　　④將超越離合器以順時針及逆時針方向轉動時，都應該能平順的旋轉。

　　解　①錯誤：執行電磁開關回復、吸入或吸住測試時，測試時間應在「5 秒」內完成，而不是 1 分鐘。
　　　　④錯誤：超越離合器只能「順時針」方向轉動。

(　) 147. 如圖示有關交流發電機迴路的敘述，下列何者正確？　　①
　　　　①點火開關"ON"時，電流流經磁場線圈以及調整器，同時充電指示燈亮　　②
　　　　②引擎開始運轉，L 接點上的電壓會升高，當充電指示燈兩端的電壓相等時，充電指示 ④
　　　　　燈就會熄滅
　　　　③當充電指示燈燈泡燒斷時，發電機即無法發電
　　　　④S 接點的電路發生斷路情形時，發電機將利用 L 接點的電流來進行控制。

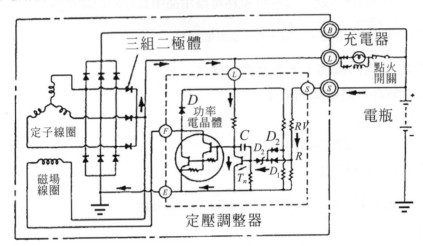

解　③ 錯誤：當充電指示燈燈泡燒斷時，只會在儀表板上充電指示燈在開紅火(點火開關第一段 IG)時不亮，不會影響發電機發電。

(　) 148. 如圖所示有關機油壓力錶的敘述，下列何者正確？　　①
　　　　①機油壓力錶是由一信號偵測器和發信器單元以及　　②
　　　　　一接收器及指示器單元組成　　③
　　　　②信號偵測器和發信器中使用一可變電阻或雙金屬
　　　　③接收器及指示器中則使用一線圈或雙金屬
　　　　④機油壓力越高，雙金屬越不彎曲，使指針指示出更
　　　　　高的壓力。

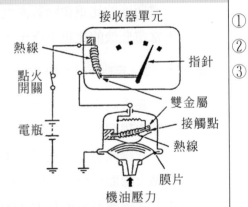

解　④ 錯誤：機油壓力越高，雙金屬「彎曲越大」，使指針指示出更高的壓力。

(　) 149. 如圖所示，下列何者正確？　　①當開關 OFF 時，a 點的電壓應為 12 V　　②當開關 OFF 時，①
　　　　a 點的電壓應為 0 V　　③當開關 OFF 時，b 點的電壓應等於 c 點的電壓　　④當燈泡燒斷且 ③
　　　　開關 ON 時，a 點的電壓應等於 c 點的電壓。

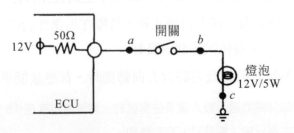

解　② 當開關 OFF 時，a 點的電壓應為 12V 而非 0V。
　　④ 當燈泡燒斷且開關 ON 時，a 點的電壓仍是 12V，但因燈泡燒斷，所以 c 點是 0V，兩者並不相等。

(　) 150. 如圖所示，下列何者正確？　　　　　　　　　　　　　　　　　　　　①
　　　　①若 A = B = C = 0，則 Q = 0　　　　　　　　　　　　　　　　　④
　　　　②若 A = C = 0，B = 1，則 Q = 0
　　　　③若 A = 1，B = C = 0，則 Q = 1
　　　　④若 A = 0，B = C = 1，則 Q = 1。

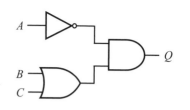

> 解　② 錯誤：若 A = C = 0，B = 1，「則 Q = 1」不是 0。
> 　　③ 錯誤：若 A = 1，B = C = 0，「則 Q = 0」。

(　) 151. 關於充電系統的敘述，下列何者錯誤？　　　　　　　　　　　　　　　①
　　　　①做輸出電流測試時，若發電機正常，則其輸出電流應高於額定電流值 90%　②
　　　　②當電瓶電壓高於 15.5 V 時，電壓調整器會將磁場電流切斷，以避免電瓶過度充電
　　　　③當電瓶逐漸接近充滿電的狀態時，其充電電流會逐漸變小
　　　　④車上電器負載越大，則發電機的輸出電流越大。

> 解　① 錯誤：做輸出電流測試時，若發電機正常，則其輸出電流應「低於」額定電流值 90%。
> 　　② 錯誤：當電瓶電壓高於「14.5V」時，電壓調整器會將磁場電流切斷，以免電瓶過度充電。

(　) 152. 如圖所示，下列敘述何者錯誤？　　　　　　　　　　　　　　　　　　①
　　　　①當水溫錶單元短路時，水溫錶的指針會指在 C 的位置　　　　　　　③
　　　　②當線圈 L_C 的搭鐵線路斷路時，水溫錶的指針會指在 H　　　　　④
　　　　　的位置
　　　　③當 D 端子與水溫錶單元之間線路斷路時，水溫錶的指針會
　　　　　指在 H 的位置
　　　　④可藉由量測 A 端子或 D 端子與 B 端子之間的電阻，以判
　　　　　斷與 B 端子之間的線圈 L_C 搭鐵迴路是否斷路。

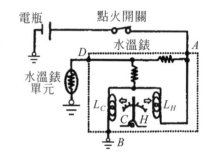

> 解　② 正確：當線圈 L_C 的搭鐵線路斷路時，水溫表的指針會指在「H」的位置。

(　) 153. 有關汽車電系之敘述，下列何者正確？　　　　　　　　　　　　　　　①
　　　　①有關汽車各電路系統的電線使用，黑色接線大都使用在搭鐵　　　　②
　　　　②線色符號 R-B 是代表紅底藍條紋的電線顏色
　　　　③電線標示符號 1.25G-B 中的 1.25 代表電線顏色
　　　　④接頭以雙框線來標示接頭輪廓的是母接頭，而以單框線來標示接頭輪廓的是公接頭。

> 解　③ 錯誤：電線標示符號 1.25G-B 中的 1.25 代表電線「直徑是 1.25mm」。
> 　　④ 錯誤：接頭以雙框線來標示接頭輪廓的是「公」接頭，而以單框線來標示接頭輪廓的是「母」接頭。

(　) 154. 下列何者與電磁感應電壓的大小有密切關係？　　　　　　　　　　　　①
　　　　①通過線圈的電流大小　　　　　　　　②線圈匝數　　　　　　　　②
　　　　③線圈內磁場的變化　　　　　　　　　④通過線圈電流的方向。　③

> 解　④ 錯誤：通過線圈電流的方向與「磁場感應的方向有關」，和電磁感應電壓的大小無關。

( ) 155. 有關充電系統的敘述，下列何者錯誤？ ①②④
①發電機的發電的原理是利用電流的熱效應
②改變磁場線圈輸入電流大小及引擎轉速的高低不會對發電機的輸出電壓造成影響
③定子線圈所輸出的電流需再經整流器的整流後才可提供給車上電器設備使用
④當曲軸皮帶盤的轉速約為 2000 rpm 時，發電機皮帶盤的轉速約為 1000 rpm。

解 ① 錯誤：發電機的原理是利用電流的「磁感應」效應。
② 錯誤：改變磁場線圈輸入電流大小及引擎轉速的高低「會」對發電機的輸出電壓造成影響。
④ 錯誤：通常曲軸皮帶盤的直徑較發電機皮帶盤的直徑大 2 倍，所以發電機皮帶盤轉速為「4000rpm」。

( ) 156. 若電路上的電流低於規定值，可能是什麼原因造成的？ ②③
①電壓過高 ②電壓降過高 ③阻抗過高 ④線路短路。

解 ① 電壓過高會造成電流太大，因為依據安培定律 $V = IR$，電壓與電流成正比之故，所以與題意不符。
④ 線路短路則電流為 0，與題意「電流低於規定值」不符。

( ) 157. 有三個燈泡以並聯方式連接，如果有一個燒毀下列敘述何者正確？ ③④
①另外兩個燈泡都會熄滅 ②另外兩個燈泡都會變更亮
③整個電路上總電阻會增加 ④整個電路上總電流會減少。

解 ① 三個燈泡由於是並聯方式連接，所以一個燒燬，另 2 個燈泡不會熄滅，如果是串聯就會三個均不亮。
② 由安培定律可知，如果電壓是 12V，並聯時 3 個燈泡均為 12V，雖然一個燒燬，但是另 2 個仍然是 12V，所以 $V = IR$，因為 V 與 R 均不變，因此 I(電流)不變，2 個亮度與原來一樣。

( ) 158. 有關串聯電路上，下列敘述何者正確？ ①②③
①整個電路上電流都是相等的
②每一個電阻都會有電壓降產生
③電路上所有電壓降的總合會等於電壓源的電壓
④整個電路上的總電阻會小於電路上最小的電阻。

解 串聯電阻總和 $R = R_1 + R_2 + R_3 + \cdots\cdots$
串聯電阻總和 $\Rightarrow \dfrac{1}{R} = \dfrac{1}{R_1} + \dfrac{1}{R_2} + \dfrac{1}{R_3} + \cdots\cdots$
所以串聯時電路上的總電阻會「大」於電路上的分電阻。

( ) 159. 有關車輛恆溫空調系統，下列敘述何者正確？ ①當車室外溫度比車室內溫度低時可能 ①③④
會吹熱風 ②恆溫溫度設定調高一點壓縮機作用時間較短 ③恆溫空調風速控制自動調
節 ④車室外溫度感應器一般都裝在前保險桿後方。

解 ② 錯誤：恆溫溫度調高一點，壓縮機作用時間「不一定」較短，要看室外溫度的情形來決定。

( ) 160. 當車輛發動開冷氣後，冷媒量正常，複合壓力錶低壓端壓力值為 0 psi，高壓端壓力值為 ②③
150 psi，下列敘述何者正確？
①壓縮機故障 ②膨脹閥堵塞 ③低壓管堵塞 ④高壓管堵塞。

解 由題意，低壓端壓力值為 0 psi，所以有可能是膨脹閥堵塞或是低壓管堵塞，由於高壓端壓力值為 150
psi，所以壓縮機「不可能」故障及高壓端管路「不可能」堵塞。

(　) 161. 有關車輛電器裝置,下列敘述何者正確?　　①
　　　　①當雨刷開關置於 OFF 位置時,雨刷馬達內的靜位裝置會使雨刷回到起始位置　　②
　　　　②車速錶上所指示的車速與輪胎的尺寸規格有關　　③
　　　　③燃油錶單元通常是使用可變電阻,電阻越小時,燃油錶指針會指在越接近 FULL(滿)的
　　　　　位置
　　　　④當機油壓力高於規定值時,機油壓力開關的接點會導通,使機油壓力警告燈亮起。

> 解　④ 錯誤:當機油壓力「低」於規定值時,機油壓力開關的接點會導通,使機油壓力警告燈亮起。

(　) 162. 有關汽車交流發電機,下列敘述何者錯誤?　　①引擎過熱時,交流發電機的發電量必會　　①
　　　　增加　　②交流發電機的調整器設有電流調整器　　③交流發電機的輸出電流經過碳刷　　②
　　　　④交流發電機利用半導體整流。　　③

> 解　① 引擎過熱時,容易產生爆震,與發電量無關。
> 　　② 交流發電機設有整流粒 3 個正向,3 個反向,可將交流電變為直流電,而且設有電壓調整器,控制
> 　　　充電電壓在 14.5V。
> 　　③ 交流發電機的輸出電流經過二極體整流粒。

(　) 163. 有關汽車交流發電機,下列敘述何者正確?　　①磁場在線圈中轉動的為交流發電機　　①
　　　　②交流發電機的靜子線圈內感應出電壓經處理後為交流電　　③發電原理係利用夫萊銘右　　③
　　　　手定則　　④若磁場置於水平方向,當線圈位於垂直(0°)位置時,感應電壓與電流為 0。　　④

> 解　② 錯誤:交流發電機的靜子(定子)線圈內感應出電壓經處理後為「直流電」。

(　) 164. 如圖所示為喇叭電路中喇叭按鈕開關按鈕未按時,下　　①
　　　　列敘述何者正確?　　②
　　　　①喇叭繼電器的白金接點為開　　③
　　　　②喇叭開關如果短路#6 保險絲將會燒毀
　　　　③喇叭按鈕開關控制電路的搭鐵
　　　　④繼電器是控制喇叭的搭鐵。

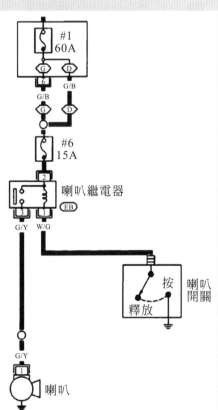

> 解　④ 繼電器是控制到喇叭的電流開關,利用小電流來控制大電流(B+)的輸出。喇叭按扭開關才是控制喇
> 　　叭的搭鐵。

( ) 165. 有關汽車電線的敘述，下列何者正確？ ①號數越小，電阻越小 ②號數越大，線徑越粗 ③電線的長度越長，電阻越大 ④線徑和電阻無關。 ①③

解 有關汽車電線的敘述如下：
號數越小，電線直徑越粗，電阻越小，反之，號數越大，線數越細(小)，電阻越大。電線的長度越長，電阻越大，所以答案①③正確②④錯誤。

( ) 166. 有關氙氣頭燈的敘述，下列何者錯誤？ ①
①有安裝氙氣頭燈必須配有自動頭燈高低調整 ②有安裝氙氣頭燈下雨天較亮 ③有安 ②
裝氙氣頭燈必須配有凸透鏡 ④有安裝氙氣頭燈比較省電。

解 ① 錯誤：有安裝氙氣頭燈「不一定」配有自動頭燈高低調整。
② 錯誤：有安裝氙氣頭燈下雨天不一定較亮，亮度與天氣無關。

( ) 167. 有關電瓶極板組的敘述，下列何者正確？ ①
①隔板平滑面向負極板 ②隔板槽溝面向正極板 ②
③正極板比負極板多一片 ④正極板作用時易彎曲。 ④

解 ③ 正確解答應為：正極板比負極板「少」一片。

( ) 168. 有關汽車電路中搭鐵的原則，下列敘述何者正確？ ①
①ECU之搭鐵應與車上電器分開 ②大電流與小電流零件搭鐵應分開 ③電源線搭鐵與 ②
訊號線搭鐵可以一起搭接 ④須使用搭鐵螺絲進行搭鐵，不可使用一般螺絲進行搭鐵。 ④

解 ③ 電源搭鐵與訊號線搭鐵「不可以」一起搭接。

( ) 169. 有關於雨刷系統，下列敘述何者錯誤？ ①目前小型汽車所使用的雨刷馬達以串聯式為 ②
最多 ②三碳刷式雨刷馬達，其中相隔120度的碳刷接通時，則雨刷為低速作動 ③雨 ③
刷作動時，將雨刷開關OFF後，雨刷片不會停在該停止的位置，其原因是雨刷馬達高速
碳刷電路斷路 ④雨刷之噴水馬達以永久磁鐵式馬達居多。

解 ② 錯誤：根據馬達轉速公式，低速用碳刷與火線兩碳刷相隔180度，高速用碳刷與火線兩碳刷相隔
120度，所以相隔120度的碳刷接通時，雨刷應為高速作動。
③ 錯誤：雨刷作動時，將雨刷開關OFF時，雨刷不會停在該停止的位置，其原因是靜位開關斷路緣故。

( ) 170. 如圖所示，電瓶電壓為12 V，當引擎電腦驅動風扇 ①
繼電器時，風扇無作用，測量繼電器1&3號腳位時 ②
為12 V，下列何者可能故障
①風扇繼電器 ②#12保險絲
③風扇馬達 ④搭鐵不良。

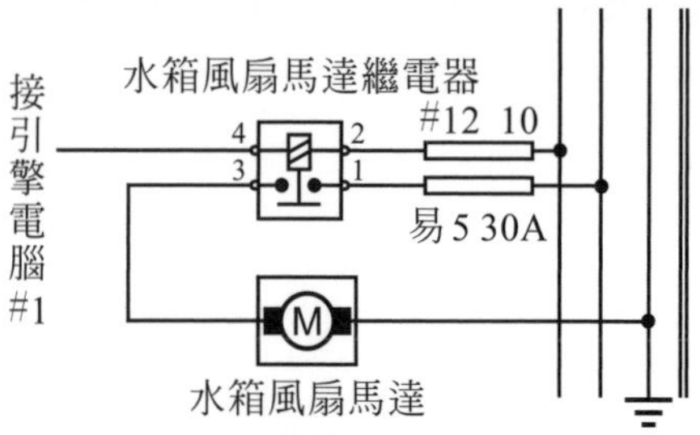

解 當1及3腳位有12V電壓時，只有③風扇馬達故障及④搭鐵不良才有可能讓風扇無作用。

( ) 171. 有一輛車的引擎無法搖轉(cranking)，下列敘述何者正確？ ①應檢查起動線路 ②應檢 ①
查噴油嘴是否噴油 ③檢查電瓶起動電壓應保持在9.6 V以上 ④檢查點火系統。 ③

解 車輛無法搖轉，屬於起動系統故障，所以要檢查起動線路及檢查電瓶電壓(答案①③)，與燃料系統及
點火系統無關。

(　) 172. 檢修汽車起動系統時，起動時搖轉緩慢，但電瓶經檢查作用正常，下列敘述何者正確？　②
①應使用電壓錶測試起動電流　③
②有可能是起動馬達電樞銅刷磨耗　④
③電瓶起動電壓降過高，才須執行起動電流測試
④應於點火開關到起動馬達兩端進行起動電壓降測試。

> 解　① 錯誤：應使用電壓表測試起動時「電壓」而非「電流」。

(　) 173. 當技師對一個四缸四行程引擎進行起動電流測試時，如起動馬達搖轉速度過慢且顯示起　①
動電流值爲 340 安培，則下列敘述何者錯誤？　①此現象爲正常作用　②起動馬達銅套　③
過度磨耗　③起動馬達銅刷磨耗　④電瓶至起動馬達電源線電阻過高。　④

> 解　進行起動電流測試時，若起動馬達搖轉速度過慢且起動電流過高，應為「起動馬達銅套過度磨耗」原
> 因，所以僅有②正確。

(　) 174. 在踩下煞車後，煞車燈電路的燈光只有一個不亮，其餘都能照亮。最可能的原因是　①
①該燈線路斷路　②尾燈開關斷路　③保險絲熔斷　④燈泡燒毀。　④

> 解　煞車燈電路的燈光只有一個不亮，不可能是「保險絲熔斷」否則所有煞車燈均不亮，所以③不對，另
> 外本題討論煞車電路與尾燈電路無關，所以②不是答案。

(　) 175. 當一位技師將已燒毀的室內燈保險絲更換後，開燈後仍馬上燒毀，則其可能原因下列何者正　③
確？　④
①室內燈瓦特數不對
②可能是迴路電阻增加，引起電流增加所致
③檢查線路是否有異常搭鐵
④檢查線路是否有短路。

> 解　① 錯誤：室內燈瓦特數不對，燈光只會太暗或太亮，不會燒燬。
> ② 錯誤：迴路電阻增加，引起電流「減少」非「增加」不致於燒燬，只會變暗而已。

(　) 176. 車內室內燈開關在"Door"位置，行進間室內燈會閃爍，下列敘述何者錯誤？　①
①電源到燈泡間短路　　　　　　　　　　　②電源到室內燈間線路導線斷路　②
③室內燈或車門開關接頭異常　　　　　　　④室內燈燒毀。　④

> 解　①②④均會造成室內燈不亮而非「閃爍」，只有室內燈或車門開關接頭異常(接觸不良)，室內燈才會
> 閃爍。

(　) 177. 使用電壓錶測試常開型煞車燈開關時，下列敘述何者正確？　①
①煞車踏板未被踩下時開關會有電源輸入，但無電源輸出　③
②煞車踏板被踩下時開關有電源輸入，但無電源輸出
③踩下時開關有電源輸入，但無電源輸出此現象說明開關斷路
④當踩下煞車踏板時接頭兩端應都有電壓說明開關短路。

> 解　② 錯誤：煞車踏板被踩下時開關「沒有」電源輸入。
> ④ 錯誤：當踩下煞車踏板時接頭兩端都有電壓，說明開關「斷路」。

( ) 178. 如圖所示線路圖中駐車警告燈持續亮起，下列何者不是故障原因？
①接點 C 對搭鐵短路
②接點 D 斷路
③接點 A 高阻抗
④接點 B 短路。

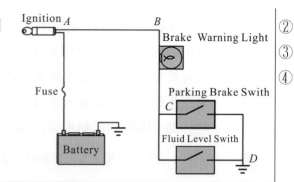

②
③
④

解 ② 接點 D 斷路，負極沒有搭鐵形成迴路，駐車燈不會亮。
③ 接點 A 高阻抗及答案④接點 B 短路，駐車警告燈均不會亮。

( ) 179. 如圖所示駐車警告燈之線路，下列何者敘述何者正確？
①駐車警告燈與駐煞車開關串聯
②駐煞車開關與液面開關串聯
③接點 A 高阻抗過高時，駐車警告燈會不亮
④駐煞車開關或液面開關任一開關接通會使駐煞車燈亮起。

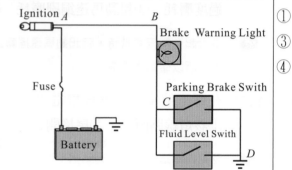

①
③
④

解 ② 錯誤：駐煞車開關與液面開關是「並聯」而非串聯，如此兩者任一開關接通均會使駐煞車燈亮起。

( ) 180. 如圖所示多功能電錶的顯示數值，有關數值表示下列敘述何者正確？
①表示電阻值為 16 Ohms
②表示電阻為 16 伏特
③表示電壓為 16 Ohms
④表示電阻值為 0.016 千歐姆。

①
④

0.016 KΩ

解 電阻的單位是 0hms 歐姆，符號是 Ω，kΩ 是千歐姆，1000Ω 之意，所以多功能電表顯示 0.016kΩ 等於 160hms(0.016×1000 = 16)或 0.016 千歐姆均可。

( ) 181. 如圖所示下列表中為各電子元件符號，哪些項目中電子符號與意義敘述錯誤？
①A ②B ③C ④D。

①
②

項　目	符　號	意　義
A	 —〰—	光敏電阻
B	 —→>—	電容
C	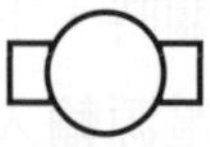 (馬達符號)	馬達
D	—▶|—	二極體

解 ① 錯誤：—〰— 符號是「可變電阻」而非光敏電阻。
② 電容符號是 —||—。

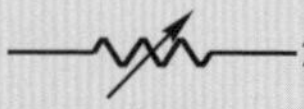

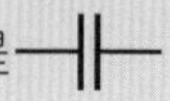

(　) 182. 某功率天線故障無法作用，因此技師換入標準的 15 安培保險絲後保險絲馬上燒毀，下列有　②
關故障原因與處理方式之敘述何者正確？　④
①電路斷路所致
②電路短路所致
③應換入 20 安培的保險絲以保護此電路
④可使用電流錶檢測電流大小，判斷是否線路短路。

解　電路短路才會讓保險絲燒燬以保護整個電路，再加大至 20 安培保險絲也是沒有用，因為問題不在保險
絲安培數，而是「短路」之故。

(　) 183. 有一位技師尋找車身電器裝置之線路，下列各系統現行常見線路的顏色何者正確？　①
①油電混合動力車高壓電被覆線為橘色(orange)　③
②黑色(black)一定是搭鐵線
③ SRS 的被覆線是黃色(yellow)
④電子轉向系統之電源線線色是藍色(blue)。

解　② 黑色「不一定」是搭鐵線，例如：電子分電盤黑色線接點火線圈「正極(+)」，藍色線接點火線圈
「負極(−)」。
④ 電子轉向系統之電源線是「黑／紅色」。

(　) 184. 如圖所示為手套箱電路圖，打開手套箱時手套　①
箱中的燈不亮，在手套箱打開時將開關閉合，　③
使用測試燈接到 C 點後亮起，下列何者不可　④
能引起此現象
①燈泡燈絲燒毀
②在開關與搭鐵之間有斷路
③電路中接點 B 有高阻抗
④電路中 D 點對搭鐵有短路。

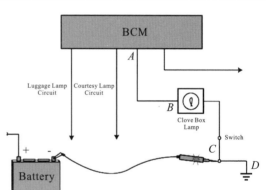

解　使用測試燈接到 C 點後手套箱燈泡亮起，代表
① 不可能燈絲燒燬。
② 接點 B 不可能有高阻抗。
③ 電路中 D 點對搭鐵有短路、祇有在開關與搭鐵之間有斷路才有可能燈不亮。

(　) 185. 下列有關冷氣系統的敘述，何者錯誤？　①
①壓縮機(compressor)吸入的冷媒為液態冷媒　②
②貯液筒(receiver)兩端連接錯會使冷房效果更佳　④
③冷凝器(condenser)流出的冷媒應為液態冷媒
④貯液筒檢視窗如發現氣泡多表示冷媒量足夠。

解　分析如下：
① 壓縮機吸入的是「氣態」低壓的冷媒。
② 貯液筒兩端接錯與冷房效果「無關」，冷房效果與壓縮機效能及溫控開關有關。
③ 冷凝器將氣態高壓的冷媒降溫後變成液態高壓冷媒。
④ 貯液筒檢視窗如發現氣泡多表示冷媒量「不足」。所以只有③正確。

(　)186. 如圖所示為喇叭電路圖，下列敘述何者正確？
①使用 33A 保險絲
②喇叭繼電器之第 3 號腳接高音喇叭
③喇叭是採用控制開關搭鐵來決定是否動作
④繼電器未作用時第 2 號與第 3 號腳測量電阻是∞Ω。

②
③
④

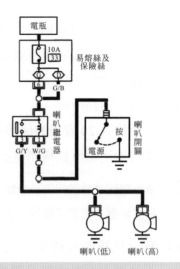

解 │ 只有答案①是錯誤的：因為 33 是保險絲零件「編號」不是「安培數」，保險絲安培數是 10A 才對。

(　)187. 如圖所示，當喇叭繼電器白金接點斷路時，下列敘述何者正確？
① $V_1 = 12$ V
② $V_2 = 12$ V
③ $V_3 = 12$ V
④ $V_4 = 0$ V。

①
②

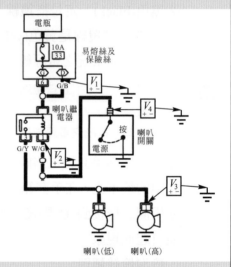

解 │ 由喇叭電路圖可知：沒有經過白金接點的 V_1、V_2 及 V_4 電壓均為 12V，有經過白金接點的 V_3，由於白金接點斷路所以 $V_3 = 0V$。

(　)188. 如圖所示為四腳繼電器其檢查之敘述何者錯誤？
①在目視檢查時 1-2 端子較粗
②在 1-2 端子未通電時 5-3 端子之電阻為∞Ω
③要測量白金接點好壞，應將 5-3 端子通 12 伏特電壓，再用歐姆表量測 1-2 端子
④線圈斷路並不影響白金接點的作用。

①
③
④

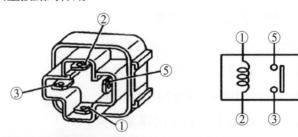

解 │ ① 錯誤：在目視檢查時 1-2 端「沒有較粗」，與 3-5 端一樣大小。
③ 錯誤：要測量白金接點的好壞，應將「1-2 端子」通 12V 電壓，再用歐姆表量測「5-3 端子」是否導通。
④ 錯誤：線圈斷路「絕對影響」白金接點作用，斷路時接 12V 電壓，白金接點亦不可能接通。

(　) 189. 下列何者屬於電路中的保護裝置

①繼電器　②保險絲　③開關　④易熔絲。

②
④

解　電路中若突然短路或有大電流時，為了保護整個電路及元件，所以電路中的「保險絲」或「易熔絲」會先燒燬。因此答案是②④。
繼電器功用是以小電流來控制大電流。開關是控制電流的 ON 或 OFF。

(　) 190. 下列何者在電路中屬於常見電器負載？

①馬達　②線圈　③開關　④電磁閥。

①
②
④

解　開關的功用是控制電路中電流的開(ON)或關(OFF)，它不是電器負載。有負載的一定是電路中的電器裝置，本身擁有線圈及需要電源來啟動例如：馬達、線圈及電磁閥均屬之一。

(　) 191. 如圖所示為各元件符號，何種元件具有以小電流控制大電流之功能

①
②

解　①及②電磁閥(繼電器)和電晶體均是以小電流控制大電流的元件。

(　) 192. 如圖所示某頭燈配線迴路，每個遠/近頭燈為 60 W，當燈開關在 LO 位置，電瓶電壓 12 V，假設 M/B FUSE NO. 27 燒斷時，下列測量值何者正確？

① $V_1 = 0$ V　② $V_2 = 12$ V　③ $V_3 \fallingdotseq 0$ V　④ $V_1 = 12$ V、$V_2 = 12$ V。

①
②
③

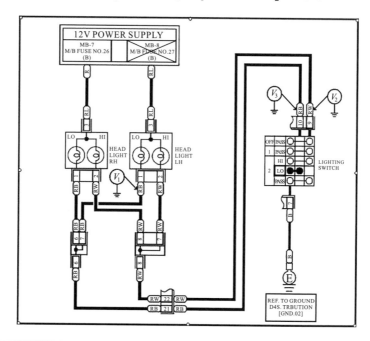

解　由圖示可知：當 NO.27 燒斷時，$V_1 = 0$V、$V_2 = 12$V，所以④ $V_1 = 12$V、$V_2 = 12$V 其中 $V_1 = 12$V 是錯誤的。

(　) 193. 如圖所示某頭燈配線迴路，每個遠/近頭燈為 60W，電瓶電壓 12V，假設 M/BFUSE NO.27 ①
燒斷時，下列測量值何者正確？　③
　　①當開關在 OFF 位置時 $V_3 = 12$ V　④
　　②當開關在 HI 位置時 $V_2 = 12$ V
　　③當開關在 LO 位置時 $V_1 = 0$ V
　　④當開關在 LO 位置時 $V_3 \doteqdot 0$ V。

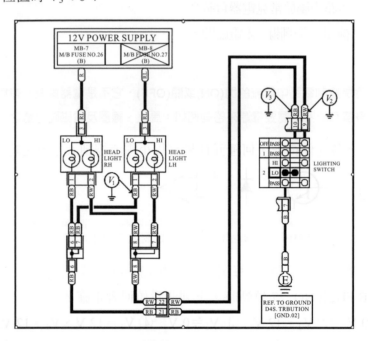

解　② 錯誤：當開關在 HI 位置時「$V_2 = 0$V」才對。

(　) 194. 如圖所示為某汽車電器配線迴路，電瓶電壓 12 V，點火開
關在 ON 位置時，使用電壓錶測量各接點，則下列何者正
確？

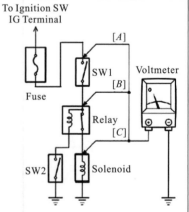

　　①當 SW1 OFF、SW2 OFF，VA = 12 V 表示保險絲未斷路
　　②當 SW1 ON、SW2 OFF 時 VB = 12 V 表示 SW1 斷路
　　③當 SW1 ON、SW2 OFF 時 VC = 12 V 表示 Solenoid 搭鐵
　　　不良
　　④當 SW1 ON、SW2 ON、繼電器線圈燒毀斷路時 VC = 12 V。

①
③
④

解　② 錯誤：當 SW1 ON、SW2 OFF 時「$V_B = 0$V」才對。

(　) 195. 使用汽油引擎與電動馬達混合動力之車輛，低速時引擎未運轉並使用馬達起步模式時，　①
為因應車輛使用及運轉需求，因此在車輛動力與車身電控系統上採用哪些設計？　②
　　①電動水泵　　　　　　　　　　　　②電動冷氣壓縮機　③
　　③電動輔助轉向馬達　　　　　　　　④電動活塞。

解　只有活塞不可能改成電動的，因為活塞是內燃機的動力元件，由於是油電混合車(HYBRID)，所以當電
池沒有電時，要靠內燃機(引擎)運轉來帶動發電機充電予電池才行，所以答案④錯誤。

(　　) 196. 使用脈波調變(PWM)控制之充電系統，其特性說明下列何者正確？
　　　　①主要透過執行電壓可變訊號(DUTY CYCLE)控制
　　　　②與傳統式相較，藉由發電機發電量減少以減輕引擎負荷
　　　　③電瓶電流感知器及溫度感知器安裝在負極極板上
　　　　④電瓶溫度高時，系統會降低充電電壓。

解　　③ 錯誤：電瓶電流感知器及溫度感知器安裝在「正極」極板上。

工作項目⑥ 專業英文及手冊查閱

單選題

( ) 1. 如圖所示其應為下列那一種作業？
①供油泵壓力測試
②供油泵氣密測試
③供油泵吸油能力測試
④供油泵輸油能力測試。

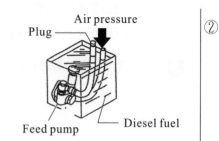

( ) 2. 如圖所示其應為下列那一種作業？
①測量壓縮機電磁離合器間隙
②測量壓縮機電磁離合器偏擺
③測量壓縮機軸端間隙
④測量壓縮機電磁離合器壓板彈力。

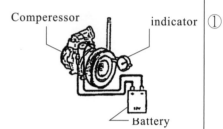

( ) 3. 如下表所示：SERVICE DATA 其表示的是下列哪一個的修護數據
①前輪校正後傾角　②後輪校正外傾角　③後輪校正內傾角　④前輪校正最大轉向角。

Front wheel alignment	Caster	1°19'±45'

( ) 4. 如下表所示：SERVICE DATA(Inspection)：其表示的是：
①修護資料(拆裝)：差速器邊齒輪與本體的螺絲鎖緊扭力數據
②修護資料(調整)：差速器邊齒輪與本體的齒輪間隙數據
③修護資料(檢查)：在每分鐘 200 轉時汽缸間壓縮壓力差的極限數據
④修護資料(保養)：在每分鐘 200 轉時汽缸間壓縮壓力的標準值數據。

Compression pressure kPa (bar, kg/cm², psi) /rpm	
Differential limit between cylinders	294 (2.9, 3, 43) / 200

解 英譯中如下所示：
① SERVICE：修護。
② DATA：數據、資料。
③ Inspection：檢查。
④ Compression：壓縮。
⑤ Pressure：壓力。
⑥ Differential：差別。
⑦ Limit：極限值。
⑧ Between：在……之間。
⑨ Cylinders：汽缸。
⑩ rpm：revolutions per minute，轉／分。

( ) 5. Cylinder bore taper(standard)：less than 0.03 mm 中文意思為下列何者的尺寸規格
①汽缸失圓　②汽缸斜差　③汽缸內徑　④汽缸凸緣。

右側答案欄：② ① ① ③ ②

(　) 6. Cylinder bore out-of-round(standard)：less than 0.02 mm 中文意思為下列何者的尺寸規格 ①汽缸失圓 ②汽缸斜差 ③汽缸內徑 ④汽缸凸緣。 ①

(　) 7. 欲將柴油引擎高壓噴射鋼管接頭螺帽依規定扭力鎖緊，應使用下列哪一種扳手？ ② ① Flare-Nut wrench ② Crowfoot wrench ③ Combination wrench ④ Ignition wrench。

(　) 8. 車用 ATF 為下列何種油料的簡稱 ①汽油 ②機油 ③煞車油 ④自動變速箱油。 ④

解 ATF 的全稱為 Automotive Transmission Fluid，即汽車「自動變速箱油」之意；俗稱「自排油」。

(　) 9. Air brake 是下列哪一項之英文名稱 ①空氣孔 ②空氣煞車 ③空氣室 ④空氣塞。 ②

(　) 10. Air suspension 是下列哪一項之英文名稱 ③ ①空氣彈簧 ②空氣箱 ③空氣懸吊 ④空氣節溫器。

(　) 11. Antifreeze 是下列哪一項之英文名稱？ ①防銹劑 ②防腐劑 ③防凍劑 ④防震劑。 ③

(　) 12. Automatic transmission 是下列哪一項之英文名稱 ① ①自動變速箱 ②自動雨刷 ③自動門窗 ④自動開關。

(　) 13. Brake disc 是下列哪一項之英文名稱 ④ ①煞車鼓 ②煞車來令片 ③煞車油管 ④煞車圓盤。

(　) 14. Check valve 是下列哪一項之英文名稱 ①止回閥 ②旁通閥 ③氣閥 ④手動閥。 ①

(　) 15. Compression ratio 是下列那一項之英文名稱？ ④ ①壓縮壓力 ②壓力錶 ③壓縮效率 ④壓縮比。

(　) 16. Cooling system 是下列哪一項之英文名稱 ①冷卻油 ②冷卻管 ③冷卻水 ④冷卻系統。 ④

(　) 17. Detonation 是下列哪一項之英文名稱 ①預燃 ②傾斜 ③爆震 ④漏氣。 ③

解 Detonation 是爆炸、引爆之意，在汽車上譯為 "爆震"，亦可用 Knock 取代。

(　) 18. Engine number 是下列哪一項之英文名稱 ③ ①引擎煞車 ②引擎腳 ③引擎號碼 ④引擎蓋。

(　) 19. Flywheel 是下列哪一項之英文名稱 ①凸輪 ②曲軸 ③飛輪 ④連桿。 ③

(　) 20. Indicated horsepower 是下列哪一項之英文名稱 ② ①制動馬力 ②指示馬力 ③摩擦馬力 ④淨馬力。

(　) 21. Valve stem 是下列哪一項之英文名稱 ①氣門面 ②氣門桿 ③氣門座 ④氣門頭。 ②

(　) 22. Coolant temperature sensor 是下列哪一項之英文名稱 ③ ①引擎油溫感知器　　　　　　　　　　②室內溫度感知器 ③冷卻水溫感知器　　　　　　　　　　④自動變速箱油溫感知器。

(　) 23. Transistor 為何種電子零件之英文名稱 ①電容器 ②二極體 ③電阻 ④電晶體。 ④

(　) 24. Ground 是下列哪一項之電系英文名稱？ ①短路 ②開路 ③斷路 ④搭鐵。 ④

( ) 25. Ampere 是下列哪一項之英文名稱　①電壓　②電阻　③電容　④電流。　　④

解　Ampere 為 "電流"，Resistance 為 "電阻"，Electric Capacity 為 "電容"，Voltage 為 "電壓"。

( ) 26. Brake light 是下列哪一項之英文名稱　①煞車踏板　②煞車開關　③煞車燈　④煞車油管。　　③

解　Brake 是 "煞車" 之意，Light 是 "燈" 之意，因此 Brake Light 是煞車燈。

( ) 27. ABS 表示　　②
① Air-lock Brake System　　　② Anti-lock Brake System
③ Anti-Spin Brake System　　　④ Air-supply Brake System。

( ) 28. SRS 表示　　①
① Supplemental Restraint System　　② Supercharge Resistant System
③ Supply Restraint System　　　④ Speed Restraint System。

( ) 29. Tighten the shear bolts A until the hex heads B twist off　　③
①鎖緊螺絲 A 到規定扭力　　　②鎖緊螺絲 B 到規定扭力
③鎖緊螺絲 A 到螺絲頭 B 扭斷　　　④鎖緊螺絲 B 到螺絲頭 A 扭斷。

( ) 30. Tighten the nut to 44N-m, then back it off to the specified angle.17±3°，下列敘述何者完整　　②
正確？　①鎖緊螺帽到 44N-m　②鎖緊螺帽到 44 N-m 再退回 17±3°　③鎖緊螺帽到 44
N-m 再前進 17±3°　④鎖緊螺帽到 17 N-m。

( ) 31. NVH 是下列哪一項之英文縮寫名稱　　③
① Nocking, vibration, and harshness　　② Noise, vibration, and heat
③ Noise, vibration, and harshness　　④ Noise, volume, and harshness。

( ) 32. Catalytic converter 是下列哪一項之英文名稱　　④
①扭力變換器　②電晶體　③自動變速箱　④觸媒轉換器。

複選題

( ) 33. NVH 是下列哪些英文縮寫組合　　①
① Noise ② Vibration　③ Heat ④ Harshness。　　②
④

解　N 代表 Noise 噪音，V 代表 Vibration 震動。Harshness 代表粗糙。NVH 全文代表車輛的研發在成本可允許的範圍內，會盡全力追求產品的性能、品質和壽命之意。所以 H 不是 Heat 熱而是 Harshnss。

( ) 34. When tighten a series bolts or nuts　　①
① begin with the center bolt　　② begin with large diameter bolts　　②
③ tighten bolt in crisscross pattern　　④ tighten in one step。　　③

解　全句翻譯如下：當要鎖緊一系列的螺絲或螺帽時
①從中間螺絲開始鎖　　②從最大直徑的螺絲開始鎖
③可以用十字起子鎖緊　④一次鎖緊。
所以答案④是錯誤的，一定要分段鎖緊螺絲或螺帽。

(　) 35. 下列英文縮寫何者正確？

① DTC：Diagnostic Trouble Code　　　　② GPS：Global Planet System

③ EGR：Exhaust Gas Recirculation　　　④ ECT：Engine Coolant Temperature。

①
③
④

> 解　②錯在定位英文是「Positioning」而非「Planet(星球)」。
>
> 全文翻譯
>
> ① DTC：故障碼
>
> ② GPS：全球定位系統
>
> ③ EGR：廢氣再回收
>
> ④ ECT：引擎水溫。

(　) 36. 從下表的資料可得知需要的機油容量，下列何者正確？

①引擎大修 4.2 L　　　　　　　　　　　②更換機油不含機油芯 3.6 L

③更換機油不含機油芯 3.4 L　　　　　　④更換機油含機油芯 3.6 L。

①
③
④

Item	Measurement	Qualification	Standard or New	Service limit
Engine oil	Capacity	Engine overhaul	4.2 L (4.4 US qt, 3.7 lmp qt)	—
		Oil change including oil filter	3.6 L (3.8 US qt, 3.2 lmp qt)	—
		Oil change without oil filter	3.4 L (3.6 US qt, 3.0 lmp qt)	—

> 解　第 2 行：Oil change including oil filter：即「更換機油包括機油芯共 3.6 L(公升)」。所以答案②錯誤。
> 　　　機油　更換　　包括　機油　濾

(　) 37. 起動時引擎無法搖轉(cranking)，可以進行哪些檢查？

① battery test　　　　　　　　　　　　② starter test

③ check fuel pressure and fuel pump circuit　　④ check ECT sensor。

①
②

> 解　起動時引擎無法搖轉，可以進行
>
> ① battery test 電瓶測試。
>
> ② starter test 起動馬達測試。
>
> (①②均正確)但是
>
> ③ check fuel pressure and fuel pump circuit 檢查燃油壓力和燃油泵電路。
>
> ④ check ECT sensor 檢查引擎水溫感知器。均屬於燃料系統故障時應檢修項目，與起動無關。

(　) 38. 有關 shear bolt 的敘述，下列何者錯誤？

① tighten the shear bolts A until the hex heads B twist off

② tighten the hex heads B until the shear bolts A twist off

③ loosen the shear bolts A until the hex heads B twist off

④ loosen the hex heads B until the shear bolts A twist off。

②
③
④

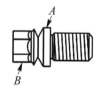

> 解　Shear bolt 是「斷頭螺絲」，一般用在鑰匙開關上面，以防止小偷拆卸鎖頭，因此答案①的文法錯誤，
> 是六角頭 B 旋緊至斷頭螺絲斷掉為止，正確是「tighten the hex heads B until the shear bolts A twist off」。

(　) 39. 汽油噴射引擎當進行燃油壓力測試時，包括下列哪些步驟？ 　①
　　　　① relieve the fuel pressure 　②
　　　　② disconnect the quick-connect fitting and attach the fuel pressure gauge 　④
　　　　③ open the fuel tank filler cap
　　　　④ read the fuel pressure gauge。

解 進行燃油壓油壓力測試時，包括下列步驟：

①釋放燃油壓力

②拆下快速接頭並裝上燃油壓力表

③打開油箱蓋(不對，此步驟無意義)

④讀取燃油壓力表

所以答案③錯誤。

(　) 40. 如圖所示，下列敘述的步驟何者正確？ 　②
　　　　① install the brake pad 　③
　　　　② inspect the brake disc surface for damage or cracks 　④
　　　　③ set up the dial gauge
　　　　④ measure the runout at 10mm from the inner edge of the brake disc。

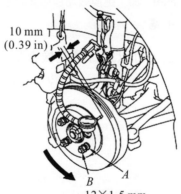

10 mm
(0.39 in)

B　A

12×1.5 mm
108 N-m (11.0 kgf-m, 79.6 Ibf.ft)

解 翻譯全文如下：

①安裝煞車皮

②檢查煞車碟盤表面破損或裂紋

③安裝千分表

④量測煞車碟盤的失圓度在 10mm 以內。

從圖示可知：利用千分表來量測煞車碟盤的失圓度(彎曲度、偏轉度)與答案①安裝煞車皮無關。

（　）41.　檢查汽車的車輪定位包括下列哪些項目？

　　① caster

　　② camber

　　③ toe-in

　　④ tire wheel runout。

①
②
③

> **解**　檢查車輪定位包括下列項目：
>
> ① caster 後傾角
>
> ② camber 外傾角
>
> ③ toe-in 前束
>
> ④ tire wheel runout 車胎偏轉度
>
> 所以答案④與車輪定位無關

（　）42.　For brake booster leakage test, we should do the below procedure

　　① install the vacuum gauge between booster and check valve

　　② start the engine and keep the engine running at all time

　　③ read the vacuum gauge

　　④ make sure vacuum reading should not decrease within 30 sec。

①
③
④

> **解**　全文翻譯如下：
>
> 煞車倍力器洩漏測試步驟如下：
>
> ①安裝真空表在倍力器與單向閥之間
>
> ②發動引擎並保持運轉
>
> ③讀取真空表
>
> ④確定真空表數據不會在 30 秒內降低
>
> ②錯誤在於發動引擎保持運轉並「同時踩下煞車踏板」才可以測試真空值。

乙級汽車修護技能檢定學科題庫整理與分析

作者／余思漢

發行人／陳本源

執行編輯／楊煊閔

出版者／全華圖書股份有限公司

郵政帳號／0100836-1 號

印刷者／宏懋打字印刷股份有限公司

圖書編號／0623007-202307

定價／新台幣 300 元

ISBN／978-626-328-553-8(平裝)

全華圖書／www.chwa.com.tw

全華網路書店 Open Tech／www.opentech.com.tw

若您對本書有任何問題，歡迎來信指導 book@chwa.com.tw

臺北總公司(北區營業處)
地址：23671 新北市土城區忠義路 21 號
電話：(02) 2262-5666
傳真：(02) 6637-3695、6637-3696

南區營業處
地址：80769 高雄市三民區應安街 12 號
電話：(07) 381-1377
傳真：(07) 862-5562

中區營業處
地址：40256 臺中市南區樹義一巷 26 號
電話：(04) 2261-8485
傳真：(04) 3600-9806(高中職)
　　　(04) 3601-8600(大專)

歡迎加入

全華會員

● 會員獨享

會員享購書折扣、紅利積點、生日禮金、不定期優惠活動…等。

● 如何加入會員

掃 QRcode 或填妥讀者回函卡直接傳真 (02) 2262-0900 或寄回，將由專人協助登入會員資料，待收到 E-MAIL 通知後即可成為會員。

如何購買

全華書籍

1. 網路購書

全華網路書店「http://www.opentech.com.tw」，加入會員購書更便利，並享有紅利積點回饋等各式優惠。

2. 實體門市

歡迎至全華門市（新北市土城區忠義路 21 號）或各大書局選購。

3. 來電訂購

(1) 訂購專線：(02) 2262-5666 轉 321-324
(2) 傳真專線：(02) 6637-3696
(3) 郵局劃撥（帳號：0100836-1　戶名：全華圖書股份有限公司）

※ 購書未滿 990 元者，酌收運費 80 元。

OpenTech.com.tw 全華網路書店

全華網路書店 www.opentech.com.tw
E-mail: service@chwa.com.tw

※ 本會員制如有變更則以最新修訂制度為準，造成不便請見諒。

讀者回函卡

掃 QRcode 線上填寫 ▶▶

2020.09 修訂

姓名：

生日：西元　　　年　　　月　　　日　　性別：□男 □女

e-mail：（必填）

電話：（　　）　　　　　　　手機：

通訊處：□□□□□

學歷：□高中・職　□專科　□大學　□碩士　□博士

職業：□工程師　□教師　□學生　□軍・公　□其他

學校/公司：　　　　　　　　　　科系/部門：

需求書類：

□A. 電子 □B. 電機 □C. 資訊 □D. 機械 □E. 汽車 □F. 工管 □G. 土木 □H. 化工 □I. 設計
□J. 商管 □K. 日文 □L. 美容 □M. 休閒 □N. 餐飲 □O. 其他

本次購買圖書為：　　　　　　　　　　　　　書號：

您對本書的評價：

封面設計：□非常滿意　□滿意　□尚可　□需改善，請說明

內容表達：□非常滿意　□滿意　□尚可　□需改善，請說明

版面編排：□非常滿意　□滿意　□尚可　□需改善，請說明

印刷品質：□非常滿意　□滿意　□尚可　□需改善，請說明

書籍定價：□非常滿意　□滿意　□尚可　□需改善，請說明

整體評價：請說明

您在何處購買本書？

□書局　□網路書店　□書展　□團購　□其他

您購買本書的原因？（可複選）

□個人需要　□公司採購　□親友推薦　□老師指定用書　□其他

您希望全華以何種方式提供出版訊息及特惠活動？

□電子報　□DM　□廣告（媒體名稱　　　　　　　　　）

您是否上過全華網路書店？（www.opentech.com.tw）

□是　□否　您的建議

您希望全華出版哪方面書籍？

您希望全華加強哪些服務？

感謝您提供寶貴意見，全華將秉持服務的熱忱，出版更多好書，以饗讀者。

填寫日期：　　　/　　　/

註：數字零，請用 Φ 表示，數字 1 與英文 L 請另註明並書寫端正，謝謝。

勘誤表

親愛的讀者：

感謝您對全華圖書的支持與愛護，雖然我們很慎重的處理每一本書，但恐仍有疏漏之處，若您發現本書有任何錯誤，請填寫於勘誤表內寄回，我們將於再版時修正，您的批評與指教是我們進步的原動力，謝謝！

全華圖書 敬上

書號	書名		作者
頁數	行數	錯誤或不當之詞句	建議修改之詞句

我有話要說：（其它之批評與建議，如封面、編排、內容、印刷品質等‧‧‧）